Joachim Schaffer

Werbewirksame Namen leicht gemacht

Widmung

Meiner Mutter, die in diesem Jahr verstorben ist. In Liebe und Wertschätzung dafür, was sie alles für ihre Kinder getragen und getan hat.

Joachim Schaffer

Werbewirksame Namen

leicht gemacht

So finden Sie die besten Namen
für Ihre Produkte, Unternehmen
und Websites

REDLINE | VERLAG

Bibliografische Information der Deutschen Nationalbibliothek
Die Deutsche Nationalbibliothek verzeichnet diese Publikation in der Deutschen Nationalbibliografie.
Detaillierte bibliografische Daten sind im Internet über http://dnb.d-nb.de abrufbar.

ISBN 978-3-86881-035-6

Unsere Web-Adresse:
www.redline-verlag.de

Redaktion: Pia Gelpke, www.wortvollendet.de
Umschlaggestaltung: SCHRÖDER DESIGN, Leipzig
Umschlagabbildung: foto-begsteiger.com
Satz: Jürgen Echter, Landsberg am Lech
Printed in Germany

Inhalt

Vorwort

Den ersten Impuls für diese Arbeit verdanke ich Ruediger Dahlke. In seinem Vorwort zu meinem Buch *Nomen est Omen – Die verborgene Botschaft der Vornamen* (erschienen 2007 im Arkana Verlag) beschreibt er das Flaggschiff von VW, den Phaeton, als Archetyp des Möchtegerns und Versagers. Das weckte mein Interesse und motivierte mich, über den Erfolg und Misserfolg von Werbe- und Unternehmensnamen zu recherchieren, zu reflektieren und Methoden zu entwickeln, um ihre Effektivität einzuschätzen. Das Kapitel „Die Qualität der Buchstaben von A–Z" erfolgt beispielsweise in Anlehnung an das Buch *Nomen est Omen.* Für diese Anregung und Unterstützung danke ich dem Arkana Verlag.

Mein Buch richtet sich an Unternehmer, die Wert auf einen werbewirksamen Namen für ihr Unternehmen, ihr Produkt oder ihre Website legen und die sich für die sprachlichen Gesetze interessieren, die zum Erfolg führen. Sicherlich investieren auch Sie beachtliche Summen in Ihre Werbung – doch von Werbepannen, die dieses Geld wieder zunichtemachen, bleiben selbst große Unternehmen nicht verschont. Meine Tipps und Analysemethoden sollen Ihnen dabei helfen, den richtigen Ton zu treffen.

Ein besonderes Augenmerk lege ich auf die Macht der Bilder, die sich hinter den Buchstaben und Worten verbergen. Ihre Symbolkraft zieht uns in ihren Bann. Sie bewegt uns und andere zum Kauf oder lässt uns zögerlich bis ablehnend reagieren. Oft wissen wir allerdings gar nicht, welche Assoziationen, Emotionen und schließlich auch (Kauf)Handlungen bestimmte Namen bei uns auslösen. Wir handeln unbewusst. Doch wenn wir genau hinschauen, können wir uns das Reich des Unbewussten zugänglich machen und mit großer Spannung erforschen – vorausgesetzt, wir stellen uns unserem eigenen Unbewussten.

Amerikanische Wissenschaftler vagen solche Forschungen. Brett Pelham und M. C. Mirenberg veröffentlichten eine wissenschaftliche Studie zur unbewussten Resonanz von Namen und entdeckten, dass Menschen namens Denis(e) mit statistischer Signifikanz dazu neigen, mit dem Zahnarztberuf zu liebäugeln. Denis(e) und das englische *dentist* (*Zahnarzt*) sind sich sehr ähnlich. Etymologisch geht der Name Denis allerdings auf den griechischen

Gott Dionysos zurück. Ähnlich ergeht es Lawrence und Laurie, die es mit signifikanter Wahrscheinlichkeit in Juristenberufe zieht (englisch *law* = *Gesetz*). Und dennoch: Lawrence, *der Lorbeerbekränzte*, führt uns wiederum auf eine ganz andere Spur.[1] Die Assoziationsmöglichkeiten sind sehr vielfältig, aber unser Unbewusstes schert sich zumeist nicht um Herkunftsbedeutungen und die Ratio. Auch in der Wirtschaft entscheiden andere Mechanismen über die Anziehungskraft von Werbenamen, wie wir noch sehen werden.

Die Ergebnisse der sprachlichen Untersuchungen dieses Buchs sind nicht mit wissenschaftlichen Studien abgesichert, doch sie sind schlüssig und orientieren sich an dem, was wir über die Funktionsweise unseres Unterbewusstseins wissen. Dieses Buch vermittelt auf einfache Weise tiefe und psychologische Einsichten und zeigt neue Perspektiven sowie Kreationsmöglichkeiten wirkungsvoller Werbenamen auf.

Beim Lesen werden Sie langsam ein Gespür für Sprache und Namen entwickeln. Ihre Intuition wird geweckt – das wichtigste Instrument für eine erfolgreiche Namensschöpfung. Sehen Sie das vorliegende Buch als Impulsgeber und gehen Sie die Aufgabe der Namensschöpfung spielerisch an.

Wie in der Hermeneutik, der geisteswissenschaftlichen Kunst der Auslegung, üblich, bleibt auch bei der Analyse von Werbenamen stets ein Interpretationsspielraum. Die zahlreichen Beispiele, die ich in diesem Buch anführe, dienen vor allem der Veranschaulichung und Orientierung. Zudem gilt zu berücksichtigen, dass der richtige Name nur einer von vielen Erfolgsfaktoren ist, allerdings ein wesentlicher.

Joachim Schaffer — Altefeld, den 20.01.2009

1. B. W. Pelham, M. C. Mirenberg, J. K. Jones: „Susie sells seashells by the seashore: Implicit egotism and major life decisions". In: *Journal of Personality*. 2002.

Teil I

1. Erfolgsprinzip – Das Gesetz der Resonanz

Wie man in den Wald hineinruft, so schallt es heraus

Resonanz kommt vom lateinischen Wort *re-sonare* und heißt *wieder-erklingen*. Wörter und Namen sind voller Vorbedeutungen und lassen Positives sowie Negatives wiedererklingen.
Mit Wörtern verbinden wir stets Bilder. Diese können auch unbewusst entstehen und dennoch negative Assoziationen hervorrufen. Am stärksten ziehen uns positive Bilder an.

Genial daneben!

„*Ein falscher Name, das ist der Anfang vom Ende.*“
William Shakespeare, *Ein Sommernachtstraum*, Prolog

Wikiwix
Wikipedia für Singles oder intellektuelle Onanie? Weit gefehlt, so nennt sich tatsächlich eine amerikanische Artikelsuchmaschine. Werden wir, wie wir heute *googeln*, irgendwann einmal *wikiwixen*?

Der Pajero von Mitsubishi
Das Modell *Pajero* stammt aus dem Jahr 1983. Sein Namenspatron ist eine Unterart der Pampaskatze (*Oncifelis colocolo*), die in unwegsamen Gebirgsregionen Südamerikas zu Hause ist. Den Namensschöpfern erschien der Name einer Wildkatze durchaus passend für einen Geländewagen, aber: In Argentinien, Spanien und anderen Ländern, in denen Spanisch gesprochen wird, sowie in Nordamerika trägt der Pajero den Namen Montero, denn das spanische *pajero* bedeutet in der Vulgärsprache *Wichser*. Die Mitsubishi-Strategen stellten das leider zu spät fest. Vielleicht spielte den Fachleuten hier auch ihr Unterbewusstsein einen Streich. Wem wollten sie den Mittelfinger zeigen? Das Schimpfwort Wichser benutzen insbesondere Männer im harten

Konkurrenzkampf. Öffentliche Berühmtheit erlangte der Pajero dann auch durch seine zahlreichen Erfolge bei der härtesten Motorsportrallye der Welt, der Rallye Dakar. Der Pajero – ein Modell für harte Männer?

Genial getroffen!

Augen auf, Auris!

Ganz anders die Erfolgsgeschichte des Toyota *Auris*. „Augen auf, Auris!", so der Werbeslogan, mit welchem der Konzern auf Großraumplakaten das neue Modell präsentierte. In Aurich meldete Toyota hundert Autos mit dem Nummernschild AUR-IS an und ließ sie durch ganz Deutschland fahren. Auch auf Werbeplakaten erschien das neue Fabrikat mit diesem Kfz-Kennzeichen. Auris heißt *Morgenröte* und mit der Morgenröte öffnen wir gern die Augen. Au-ris lässt uns sogar die *Augen aufreißen*, damit wir das neue Modell bewundern können. Und Bewunderung will das Statussymbol Nummer 1, das Auto, vor allem erzielen. Mit Auris können wir darüber hinaus das Wort *Aura* assoziieren, was vielversprechend *besondere Ausstrahlung* bedeutet.

Die Sonne geht unveränderbar im Osten auf und im Westen unter, aus japanischer Sicht ein Werbevorteil gegenüber dem „Untergangsmodell" Westauto. Die Wirtschaft im Osten ist am Aufblühen. So ähnelt die Buchstabenfolge *Au* auch dem Wort *Au(e)* und mit dieser assoziieren wir eine saftige Flusslandschaft, Weite und Fruchtbarkeit. Das *is* am Ende verkörpert in der Runendeutung[2] Selbstbewusstsein, Schnelligkeit und Sieg (*I = Ich, S = Schnelligkeit, Sieg*).

Im Gegensatz zu Pajero und Wikiwix sind Auris und Toyota rein positiv besetzte Namen. Und auf solche legt man viel Wert bei dem größten Automobilhersteller der Welt. Die Firma wurde von der Familie Toyoda gegründet, dennoch bevorzugten die Gründer den Namen *Toyota*. Dieser Name erinnert an Toyotomi, einen japanischen Feldherrn, der im 16. Jahrhundert als mächtigster Mann Japans galt. Er reformierte die Gesellschaft, schuf die Zentralverwaltung, verbot das Christentum und wies die Missionare außer Landes. Durch die Anlehnung an alte Namen werden Synergien erzeugt. Besonders asiatische Firmen schätzen und nutzen diesen Zauber.

2. Runen sind die ältesten germanischen Schriftzeichen. *Rune* bedeutet ursprünglich *Geheimnis, Zauberzeichen, geheime Beratung*. Der Spruch „Runen raunen rechten Rat" verdeutlicht die Kraft der Runen.

Toyota symbolisiert Selbstbewusstsein und Freiheit – für dieses Flair sorgt der Autokonzern allein mit seinem Namen.

Impulse für die Praxis

Beginnen Sie mit der Wahl des richtigen Namens!

1. Wählen Sie Ihren Firmen- oder Produktnamen nicht nebenbei und zwischendurch, wenn gerade einmal Zeit ist, und auch nicht am Ende der Projektplanung. Denn: „Im Anfang war das Wort."
2. Nehmen Sie sich Zeit für Ihre Namensschöpfung, und schöpfen Sie nicht, wenn Sie erschöpft, sondern wenn Sie aufgetankt und positiv gestimmt sind.
3. Nutzen Sie die kollektive Schöpfungskraft des Teams! Bedenken Sie: „Das Ganze (das Team) ist mehr als die Summe seiner Teile."
4. Beginnen Sie wenn möglich mit einer circa zwanzigminütigen Meditation oder unternehmen Sie einen kleinen Spaziergang, um den Kopf frei zu bekommen. Anschließend machen Sie ein zeitlich begrenztes, auch etwa zwanzigminütiges Brainstorming – lassen Sie Ihr Gehirn wirklich strömen, denn „in der Ruhe liegt die Kraft". Aus der Ruhe gewinnen Sie stärkere Impulse. Lassen Sie alle Ideen der Beteiligten des Brainstormings zu. Dieser Prozess ist nichts für notorische Neinsager. Schreiben Sie ausnahmslos alles Gesagte untereinander. Anschließend beginnen Sie mit der Auswahl. Entscheiden Sie sich intuitiv für die drei besten Namen.
5. Überprüfen Sie die Wirkung dieser drei Namen, indem Sie Freunde und Kollegen nach ihren Assoziationen fragen – indem Sie sie *inter-viewen* (siehe Seite 155). Andere haben in der Regel einen besseren *Über-blick* als jene, die im Prozess stehen und vor lauter Bäumen den Wald nicht sehen.
6. Überprüfen Sie, was die gewählten Namen laut Herkunftswörterbuch bedeuten! Passt das zu Ihrem Unternehmen und Ihrem Produkt?
7. Was bedeutet der Name in anderen Sprachen oder was ruft sein Klang hervor? Ein internationaler Bedeutungsvergleich ist insbesondere dann notwendig, wenn Ihr Unternehmen im Ausland tätig ist oder vielleicht zukünftig werden könnte oder Ihr Produkt weltweit vertrieben werden soll. Sind die internationalen Bedeutungen mit Ihrem Produkt in Einklang?

2. Erfolgsprinzip – Der Hintergrund bestimmt den Vordergrund

Die Macht des Unbewussten

Namensgebungen von Unternehmen, Projekten und Verkaufsartikeln kommen einem Schöpfungsprozess gleich. Vor einer Namensgebung müssen wir uns bewusst machen, was wir mit welchen Wörtern und Buchstaben aus der Tiefe ans Licht zu holen gedenken. Rufen wir ein „Kind" beim falschen Namen, müssen wir uns nicht wundern, wenn wir keine Antwort erhalten und die gewünschte Resonanz ausbleibt oder aber wenn wir unbeabsichtigt falsche Assoziationen zum Wiedererklingen bringen. Es ist entscheidend, dass gewählte Botschaften mit gewünschten Zielen im Einklang sind. Stimmen diese inhaltlich nicht überein, führt das zu Reibereien und Blockaden, das blockiert den Fluss, beispielsweise Ihren Absatzfluss.
Ursprungsbedeutungen, die auf verborgene Mythen und Bilder zurückgehen, laden Menschen ein oder aus, einem Unternehmen oder einem Produkt zu folgen und Erfolg zu bescheren – mitunter verursachen sie auch Scherereien. Ein treffender Name vermag einen wirtschaftlichen Treffer zu landen, während die Unkenntnis von Mythen und die Missachtung von Sprach- und Lebensgesetzen finanzielle Verluste verursachen können.

Namen, die keine positive Botschaft enthalten, hemmen den Erfolg

Der Wartburg lässt auf sich warten
Staatlicherseits verordnete Namen scheinen in der ehemaligen DDR von negativen Omen und schlechten Hintergründen befallen gewesen zu sein. *Wartburg* gegen Wolfsburg: Der Wartburg aus dem Automobilwerk Eisenach, dem Ort, bei dem sich die Wartburg befindet, sollte wohl mit dem westdeutschen Volkswagen aus Wolfsburg konkurrieren, wo doch der deutsche Käfer bereits mit der französischen Ente von Citroën im Wettbewerb stand.

Wie lange mussten Bürger aus produktionstechnischen Gründen auf ihre Blechburg warten? Wie die Wartburg war auch ein Wartburg nur schwerlich in Besitz zu nehmen. *Warten* bedeutet ursprünglich *nach Kommendem Ausschau halten*, ohne Garantie, dass da auch wirklich etwas kommt. Das sozialistische System war bekannt für seine Mangelwirtschaft, was sich in vielen Witzen niederschlug: „Bei uns war das so", erklärt ein Ostdeutscher, „entweder fehlte der Hammer oder es fehlte der Nagel, und wenn beides ausnahmsweise gleichzeitig vorhanden war, fehlte ein Brett."

Die Wartburg symbolisiert Festigkeit, Stabilität und Sicherheit. Wenn Menschen zehn Jahre und mehr auf ihr Auto warten, sind Stabilität und Sicherheit das Mindeste, was sie erwarten dürfen. Doch diese Qualitätsmerkmale genügen für ein Auto nicht. Die Wartburg ist eine Festung, symbolisiert also Altes. Ein Auto steht aber für Neues, es sei denn, das Wartburg-Automobilwerk hätte beabsichtigt, einen Oldtimer zu produzieren. Und tatsächlich: Der schnellen technischen Entwicklung hinkte das Modell stets hinterher. *Automobil* heißt zudem eigentlich *selbst bewegend*, doch eine Festung steht fest und bewegt sich nicht, weshalb die Wartburg auch immer noch bei Eisenach steht!

Der allseits beliebte Trabi

Traben ist eine Gangart des Pferdes. Technischer Stand und optisches Design lassen den *Trabi* bestenfalls eine Stufe über der Pferdekutsche rangieren. Trabi ist die Koseform von *Trabant*, hergestellt in den VEB-Automobilwerken Zwickau. Seine Produktionsgeschwindigkeit ähnelte der des Wartburgs. Der Begriff Trabant hat verschiedene Bedeutungen, die das Auto außerhalb jeder Konkurrenz stellten. Aber wer wollte schon mit einem Trabanten konkurrieren?

Die erste Bedeutung *Leibwächter eines Würdenträgers* zielt bereits ins Leere. Einem Würdenträger war der Trabi wahrlich nicht würdig. Die zweite Bedeutung kommt aus der Astronomie. Dort ist der Trabant ein Himmelskörper, der einen Planeten auf einer festen Bahn umkreist. Der Mond dreht sich in Abhängigkeit zur Erde. Sollte das vorgeschriebene Umkreisen auf einer festen Bahn auf die eingeschränkte Reisefreiheit der DDR-Bürger und ihre Abhängigkeit von der Obrigkeit hinweisen? Drittens steht der Begriff abwertend für *Anhänger* und *Mitläufer* – unser Mond ist aus astronomischer Sicht ein Mitläufer der Erde. Beim Trabi konnte man problemlos mitlaufen – so viel zu seiner Geschwindigkeit. Interessant ist auch, dass Mitläufer des DDR-Systems schneller einen Mitläufer erhielten. Dennoch: Im Vergleich zu

Westautos wirkte der Trabi sicherlich nicht steigernd auf das Selbstbewusstsein seines Besitzers. Zum Protzen, wie das manchem mit einem BMW oder einem Porsche gelingt, war der Trabant völlig ungeeignet.

Das Goggomobil

Übertroffen in Technik und Geschwindigkeit wurde der Trabi vom westdeutschen *Goggomobil*: Zweimal steckt in *Go(g)go* das englische *„Go!"* – das klingt wie eine Aufforderung, auch wirklich in die Gänge zu kommen. Was mit der damaligen Notwendigkeit, Zwischengas zu geben, nicht so einfach war. Goggo erinnert phonetisch an die Lallsprache von Kleinkindern. Als Werbename hätte es im heutigen Wettbewerb kaum noch eine Chance.

Boeing und „Boing!"

Mutig ist es, ein Verkehrsflugzeug *Boeing* zu nennen, denn „Boing!" sagen wir, wenn beispielsweise eine Blechkanne zu Boden fällt. Kein Wunder also, dass sich sogenannte Boing!-Witze verbreiteten. Nicht daraus schließen können wir, dass der Absturz einer Boeing dank der unglücklichen Namensgebung wahrscheinlicher ist. Allerdings weckt der Name in uns nicht unbedingt ein Gefühl von Sicherheit.

Roomster

Ähnlich unglücklich ist der Name *Roomster* für den Minivan beziehungsweise den Hochdachkombi des tschechischen Automobilherstellers Škoda, der im September 2006 auf den Markt kam.

Es handelt sich um ein Kunstwort, zusammengesetzt aus den englischen Wörtern *room* und *roadster*, das praktischen Nutzen einerseits (Platz, Raum) und Sportlichkeit andererseits suggerieren soll. Der Begriff *Roadster* wurde von britischen Herstellern wie Triumph, Jaguar oder MG geprägt. Italienische Hersteller, etwa Alfa Romeo, Fiat und Ferrari, bezeichnen diese Bauweise häufiger als *Spider*. Seltener sind die Begriffe *Spyder* und *Speedster*. Ein deutscher Klassiker ist der Porsche 356 Speedster. Wollte Škoda etwa besser sein als die Konkurrenz? Während wir beim Road-ster aber noch *den Stern auf der Straße* assoziieren können, bleibt bei einem Roomster die Assoziation *rumst er* nicht aus: Bei einem Unfall macht der Roomster „Rums!" – ein umgangssprachlicher, lautmalerischer Begriff für *rumpeln*. Ein trauriges Ende für einen Roomster!

Und was ist mit dem Namen des Autoherstellers? *Škoda* erinnert phonetisch an den *Autoskooter*, auch *Scooter* geschrieben, den wir von Volksfesten kennen. Mit einem Skooter dürfen wir andere Autos anrempeln und nach Belieben rumsen. In Südtirol spricht man beispielsweise auch von Puff- oder Buffauto, in der Schweiz von Putschauto sowie in Anlehnung daran manchmal auch von Putschi- und Tutschiauto. Letzteres klingt fast schon wie ein tschechischer Roomster.
Im Englischen bezeichnet man mit Scooter einen Kinder- oder Motorroller. Škoda ist ein eher ungünstiger Namen für ein Erwachsenenspielzeug.

Wer lädt sich einen Lada auf?
Weil der *Lada* etwas schneller fährt als der Trabi, war er für Mitläufer nicht so geeignet! Dennoch bewegt sich der Name des russischen Fahrzeugs auf ähnlich niedrigem Niveau wie Wartburg und Trabi. Kurz gefasst: Weder sieht er *einladend* aus, noch eignet er sich zum *Beladen*. Name, Aussehen und Funktionstüchtigkeit sind in Dissonanz.

Von Negerküssen, Mohrenköpfen und Granatsplittern
Der Begriff *Neger* gilt als abwertend, obwohl das lateinische *niger* lediglich *schwarz* bedeutet und eine Farbe an sich weder positiv noch negativ ist. Diese Information wurde dem einstigen Bundespräsidenten Heinrich Lübke anscheinend vorenthalten: Auf internationaler Bühne begann er eine Rede mit den Worten: „Sehr geehrte Damen und Herren, liebe Neger!“ Bringen uns Negerküsse Menschen mit dunkler Hautfarbe menschlich näher oder fördert der Begriff die Apartheid?
Die Begriffe *Negerkuss* und *Mohrenkopf* sind zunächst ein Ausdruck der Angst vor dem Fremden. Der psychologische Mechanismus heißt „Identifikation mit dem Angreifer“ – wir beißen in den Mohrenkopf oder geben dem Neger einen Kuss, um festzustellen, ob dieser schmackhaft ist. Letztlich aber bleibt die Bedrohung vor der Andersartigkeit bestehen. Ein Gebäck *Granatsplitter* zu nennen ist ebenso geschmacklos, auch wenn es bombig schmeckt.

Krankenhaus
Eigentlich soll es gesund machen! Warum nennen wir es dann nicht *Gesundheitshaus* oder *Gesundheitszentrum*? Warum hält die Gesellschaft an einem offensichtlich negativen Begriff krankhaft fest?

Unglückliche Projektnamen der Bundesregierung

Oder entlarven diese Namen die wirkliche Gesinnung unserer Politiker ...?

Was ist im Argen mit der ARGE?

Ähnlich ungeeignete Namen wie bei VW oder Mitsubishi finden wir auch in bundesdeutschen Institutionen. Die millionenschwere Namensumwandlung der *Arbeitsämter* in *Arbeitsagenturen* führte schließlich zu *ARGE.*
Was ist im Argen mit der ARGE? Mit diesem negativen Bild wird der Wille nach Verbesserung ad absurdum geführt. Denn die ARGE ist nicht nur sprachlich nah am *Ärger*! „Arbeitsamt und Ärger" und „Immer Ärger mit den Arbeitslosen!" – beides ist ein alter Hut. Die hohen Arbeitslosenzahlen, die sich immer schwerer retuschieren lassen, sind zudem ein Dorn im Auge von Politikern, die erfolgreich aussehen wollen. Offenbart sich also in der Namensschöpfung diese Art von Ärger?
Unbewusst macht sich noch ein weiteres negatives Bild bemerkbar – negativ zumindest aus Sicht der verwalteten Arbeitslosen: ARGE erinnert an *Argus*, den hundertäugigen Wächter aus der griechischen Mythologie. Wer aber möchte schon gern mit Argusaugen betrachtet und kontrolliert werden? Einem hundertäugigen Wächter können wir nicht entrinnen. Sind Arbeitslose den staatlichen Kontrollmechanismen ebenso ausgeliefert – soll uns das der Name ARGE vermitteln? Der Hintergrund bestimmt den Vordergrund, das wahre Gesicht der Macher hat sich offenbart!

Aller Anfang ist schwer! Das Logo der Bundesagentur für Arbeit

Das Logo der Arbeitsagentur besteht aus einem unvollständigen A, dessen eine Längsseite nach vorn umgeknickt ist, siehe auf www.arbeitsagentur.de. So lässt sich schwer ein neuer Anfang machen. Das A steht außer für Anfang auch für Stabilität (siehe Seite 105). Nicht so das geknickte A der Bundesagentur für Arbeit. Davon finden sich wohl nur Geknickte bestätigt.

Har(t)z klebt!

Mit dem Namen *Hartz IV* assoziieren wir ebenfalls keine Bilder des Erfolgs: *Harz* klebt bekanntlich. Leider aber trifft genau das den Nagel auf den Kopf. Hartz IV wieder zu verlassen ist ein zäher Prozess. Das Arbeitslosengeld II scheint ein Vierfachkomponentenkleber zu sein.

Der Ein-Euro-Job

Als ähnlich unglücklich erweist sich die Bezeichnung *Ein-Euro-Job*. Wer fühlt sich beflügelt, wenn es darum geht, für einen Euro in der Stunde zu arbeiten? Es ist die Bundesagentur für Arbeit selbst, die die Tatsache unberücksichtigt lässt, dass dieser eine Euro zur bereits vom Staat geleisteten finanziellen Grundabsicherung durch Hartz IV hinzugezahlt wird. Tatsächlich wird also für 7 oder 8 Euro gearbeitet. Der Begriff Ein-Euro-Job entpuppte sich als Demotivationsspritze und er entlarvt die grundsätzlich negative Grundeinstellung gegenüber Arbeitslosen. Es wird suggeriert, dass der Staat Arbeitslose zu Billiglöhnen arbeiten lässt. Das schürt eher Angst und weckt bei den Menschen wenig Vertrauen.

Vom ALG zum Alk?

Zur Arbeitslosenschwemme passt bildlich *ALG*, die Kurzbezeichnung für das Arbeitslosengeld: Algen wuchern in unseren Gewässern. Wuchern Arbeitslose in unserer Gesellschaft? Mit den Initialen ALG rufen wir automatisch das negative Bild vom *Alk(i)* mit auf den Plan und machen aus Arbeitslosen auch gleich noch Alkoholiker.

Die Jobagentur und die Jobber

Nicht weniger unpassend sind die Begriffe *Jobagentur* und *Jobvermittlung*. Auch hier offenbart sich das wahre Gesicht, die Grundeinstellung von Politikern zur Arbeitslosigkeit. *Job* ist im Amerikanischen ein umgangssprachlicher Begriff. Im Deutschen wird er meist mit abwertendem Akzent verwendet. Ein Job ist laut Fremdwörterbuch eine *Gelegenheitsarbeit, vorübergehende einträgliche Beschäftigung, Verdienstmöglichkeit*. Es ist ein Unterschied, ob wir einen Beruf ausüben oder einem Job nachgehen. „Er macht (nur) seinen Job“ bedeutet, dass jemand nicht mit seiner Arbeit verbunden ist, geschweige denn einer Berufung oder einer beruflichen Vision folgt, auch wenn er seinen Job gut macht. Die Termini Jobagentur, Jobcenter und Jobvermittlung zeigen die unbewusst geringschätzige Einstellung gegenüber der Arbeitskraft. Dem Arbeitsuchenden wird so kaum eine Arbeit, bestenfalls ein Job, sicher aber ein schlechtes Gefühl vermittelt. Dabei ist nur Wertschätzung die Basis für eine wirklich gute Veränderung.

Ich-AG: Endlich ich?

Auch der Begriff *Ich-AG*, erfunden, um Arbeitslose zur Selbstständigkeit zu motivieren, öffnet kein Bild der Kraft. Der Terminus ist widersinnig und wurde zu Recht Unwort des Jahres 2002. Die Initialen AG stehen für *Aktiengesellschaft* oder *Arbeitsgemeinschaft.* Eine Ich-AG kann keins von beidem sein, weil zu einer Gemeinschaft mindestens zwei Personen gehören. Wie allein sich Arbeitslose letztlich mit ihrer Ich-AG fühlen, zeigen die zahlreichen Ich-AG-Insolvenzen.

Unbewusst wird mit diesem Begriff versucht, kollektive Probleme zu individualisieren, und Menschen werden auf sich zurückgeworfen. Projekt und Namensschöpfung sind das Produkt zweier Egomanen, der beiden Selbstdarsteller Gerhard Schröder und Peter Hartz. Beide verstanden es vorzüglich, aus einer Arbeitsgemeinschaft eine Ich-AG zu machen. Wir haben die Gruppe *Ich & Ich* in der Musikszene und hatten *Schröder & Hartz* in der Politik.

Rentiert sich die Riester-Rente?

Die *Riester-Rente* ist benannt nach ihrem Erfinder Walter Riester: „Mein Gott, Walter!" Norbert Blüm beschwor einst: „Die Rente ist sicher!" Hätte er gesagt: „Meine Rente ist sicher!", hätte ihm keiner Unwahrheiten unterstellen können. Die Zukunft wird auch die Rentenwahrheit ans Licht bringen. Zumindest aber ist der Name Riester-Rente unglücklich gewählt, unbewusst aber ein Volltreffer! Verheißt doch der Familienname Riester *Flickschusterei.* Auch das bedeutet nichts Neues in der Rentenpolitik! Nach dem *dtv-Atlas* zur Namenkunde geht der Name Riester auf das Wort *reißen* zurück. Riester und Riesterer waren Flickschuster.[3] Ein Flickwerk braucht einen guten Klebstoff. Insofern passen Riester-Rente und Har(t)z IV gut zusammen.

Rürup kommt nicht gut rüber

Der Name beginnt mit *Rü* und endet mit *rup.* Er wirbt nicht für ein gutes Vorwärtskommen in der Rentenpolitik, sondern weist darauf hin, dass *ruppige* Zeiten beginnen. Vermutlich geht der Name Rürup auf Ruprecht zurück, der auch etwas ruppig rüberkommt, wohl, weil er mit dem Wort *Rüpel* verwandt ist.[4]

---

3. Vgl. Konrad Kunze, *dtv-Atlas – Namenkunde,* S. 109.
4. Vgl. Hans Bahlow, *Deutsches Namenlexikon,* S. 439 f. Sowie: Duden, *Das Herkunftswörterbuch,* S. 689.

Der Staat als diebische Elster

Bei der Steuer wird es teuer! Das verrät schon das Wort. Im Begriff *Elster* ist das Anagramm *Ste(h)ler* enthalten, kein Wunder also, dass die Elster im Volksmund als *diebische Elster* bekannt ist.

Die **El**ektronische **St**euer**er**klärung Elster zu nennen, ist nicht gerade eine vertrauensbildende Maßnahme des Finanzministeriums. Eine kleine Vogelgeschichte: Zunächst ist da das bundesrepublikanische Wappentier, der Adler. Hoch über allem schwebend, weiß er stets, was es wo zu fassen gilt. Auch in der Natur ist der Adler das Gesetz. Der Bundesadler erlässt Gesetze, als Voraussetzung für einen vollen Finanzsäckel. Die diebische Elster nimmt die Bürger schließlich aus, bis dann am Ende der Kuckuck kommt, der guckt, was es noch zu holen gibt. Mal ehrlich, haben Politiker eine Meise? Oder ziert statt einem Adler bald ein Aasgeier unser Wappen?

Impulse für die Praxis

Setzen Sie sich vor Ihrer endgültigen Namenswahl mit der Macht der Namen auseinander! Überlassen Sie die unbewusste Wirkung nicht dem Zufall!

Recherchieren Sie die Bedeutungszusammenhänge Ihrer Wortschöpfung. Was ist der Hintergrund? Seien Sie ehrlich zu sich selbst: Was hat Sie dazu bewegt, gerade diesen Namen zu wählen? Fühlen Sie sich übersehen und greifen Sie deshalb nach einem Namen, der besonders auffällt? Dann liegt eine Verwechslung vor: Nicht Sie sollen verkauft werden, sondern Ihr Produkt! Suchen Sie also nicht nach einem Namen, der irgendwelche Gefühle kompensieren soll.

Im Unbewussten treiben Angst und Neid ihre Blüten. Vorsicht ist bei negativem Denken über Konkurrenten geboten: Viele problematische Werbenamen wie Pajero und Phaeton basieren auf einem falschen Verständnis von Konkurrenz und bringen Namensschöpfer vom richtigen Weg ab. Der Begriff *Konkurrenz* kommt von lateinisch *concurrere* und bedeutet *zusammenlaufen* – also nicht gegeneinander. Vergleichen wir uns mit anderen, verlieren wir das Gleichgewicht. Beim Hütchenspiel mit Pappbechern gewann ein Seminarteilnehmer aus der Schweiz unentwegt. Auf die Frage, wie er das mache, antwortete er: „Ganz einfach, ich versuche, nicht besser zu sein als die anderen, und bleibe nur bei meinem eigenen Spiel!“

3. Erfolgsprinzip – Das Gesetz der Präsenz

Alte Mythen wirken in der Gegenwart

In einem Mythos – was ursprünglich „Sage und Dichtung (von Göttern, Dämonen und Helden) aus der Vorzeit eines Volkes“[5] bedeutet – sind kollektive Kräfte, Erfahrungen, Wissen und Weisheit gespeichert. Mit dem Rufen des Namens werden diese Kräfte frei. Uns über altes Wissen und alte Weisheiten zu stellen, ist überheblich. Die Gefahr ist immens, dass wir uns dabei überheben.
Gerade das materialistisch geprägte Denken der westlichen Kultur hält Menschen im Irrglauben gefangen, dass das, was wir nicht sehen, nicht da ist und demgemäß auch keine Wirkung haben kann. Dem Mythos ist es egal, ob wir an seine Kraft glauben oder nicht. Seine Essenz wirkt in der Gegenwart, im Hier und Jetzt. Inhalt und Bedeutung von Mythen sind in unserem kollektiven Gedächtnis gespeichert.

„Wer einen schlechten Namen hat, ist halb gehangen.“

Galizisches Sprichwort

Panik auf der Titanic

1912 fuhr die *Titanic* – damals der schnellste und modernste Dampfer seit Menschengedenken – mit Volldampf in den Untergang. War der Name nicht Zeichen von Stärke und Sicherheit? Titanen sind in der griechischen Mythologie *die Gottgleichen*, welche mit ihrer Kraft die Welt regieren wollten. Heute steht der Name im übertragenen Sinn für jemanden, „der durch außergewöhnlich große Leistungen, durch Machtfülle oder Ähnliches beeindruckt“[6]. Vom Bild der Macht angezogen, beachteten die Namensgeber der Titanic den Ausgang der Geschichte nicht: Die riesenhaften Titanen lehnten sich gegen die Herrschaft des Zeus auf, der sie hierfür in den Tartarus, den tiefsten

5. Duden, *Das Herkunftswörterbuch*, S. 547.
6. Duden, *Das Fremdwörterbuch*, S. 997.

Abgrund der Unterwelt, stürzte. Analog dazu sank die Titanic auf den tiefsten Grund des Meeres und riss dabei 1.517 Menschen mit in den Tod.

Titanic – eine Satirezeitschrift

Für die bekannte Satirezeitschrift, die das „Untergangsmodell“ Deutschland unter die Lupe nimmt, ist der Name *Titanic* äußerst passend. Als Schiffsname ist er allerdings nach wie vor nicht zu empfehlen, es sei denn als Name für ein U-Boot, das freiwillig auf Tauchstation geht. Ein Schiff wird allerdings nicht zwangsweise nur aufgrund des Namens untergehen. Aber: Machtnamen ziehen Machtmenschen an und diese neigen zum Übermut. Der Rest ist bekannt.

„Wie der Anfang, so das Ende!“

Hieronymus, Epistula 69,9

Der VW-Phaeton, Archetyp des Versagers

Der VW-Konzern liefert mit dem *Phaeton* ein Paradebeispiel dafür, wie sträflich es sein kann, ganzheitliche Denkweisen zu ignorieren und Mythen zu vernachlässigen, denn ein Auto mit diesem Namen konnte nur ein Flop werden.[7] Der Name geht auf *Phaethon,* den Sohn des Sonnengottes Helios, zurück. Nachdem dieser von seinem Vater das Recht eingefordert hatte, den Sonnenwagen übers Himmelszelt zu lenken, zeigte sich, dass er trotz seiner großen Worte keineswegs der Aufgabe gerecht werden konnte: Aus Ungeschicklichkeit entfachte er den großen Weltenbrand, dem er selbst zum Opfer fiel. Auch der VW-Phaeton stellte sich als Möchtegern-Luxusauto heraus, das von den potenziellen Käufern nicht angenommen wurde. Möchtegerns aller Facetten – vom stillen, geheimen bis zum lauten und prahlerischen – möchten dieses Flaggschiff, wie es Dahlke bezeichnet, schon gern erwerben, vorausgesetzt sie können es sich leisten. Doch genau das können die meisten Möchtegerns nicht.

Betrachten wir lediglich die Herkunftsbedeutung des griechischen Φαέθων, *phaino = scheinen, der Strahlende,* so scheint Phaeton ein passender Name für eine Luxuslimousine zu sein. Vielleicht ließen sich die Namensschöpfer des VW-Wagens auch von den beiden letzten griechischen Zeichen in Φαέθων

7. Vgl. Ruediger Dahlke, Vorwort. In: Joachim Schaffer-Suchomel, *Nomen est Omen*, S. 11.

beeindrucken: WV – VW, das ist ein durchaus verführerisches Spiel mit Initialen.
Übrigens gab es bereits um 1920 ein Automobil namens Phaeton. Der Name bezeichnete die damals am weitesten verbreitete Karosserieform für Automobile, allerdings mit dem Unterschied, dass dieser Phaeton konkurrenzlos war. Fatal ist es, wenn die Namensschöpfung von der Angst getrieben wird, gegenüber der als bedrohlich empfundenen Konkurrenz zu versagen. Unbewusst haben Werbemanager mit dem Namen Phaeton auf eine mythologische Gestalt Bezug genommen, die genau dieses Thema verkörpert. Täter und Opfer zieht es gleichermaßen an den Tatort zurück. Der mythologische Phaethon fühlte sich als Gott nicht anerkannt und war getrieben, sich zu beweisen: Epaphus, der Sohn der Io und des Jupiters, bestritt Phaethons göttliche Abstammung. Doch seine Mutter Klymene versicherte ihm, dass er der Sohn des Sonnengottes Helios sei. Sie riet ihm, den Vater im Sonnenpalast aufzusuchen und ein Zeugnis seiner Vaterschaft zu verlangen. Helios nahm Phaethon im Palast auf und erkannte ihn als Sohn an. Durch einen Eid verpflichtete er sich, dem Sohn ein Geschenk seiner Wahl zu gewähren. Und dann kam es zum ersten Unfall mit Totalschaden in der Verkehrsgeschichte der Götter.
Wer sich bei der Namensgebung für den Archetyp eines Möchtegerns entscheidet, sollte sich ehrlicherweise fragen, wie das zu seiner Unternehmens- und Marketingphilosophie passt. Welche Führungskräfte sind von der Angst getrieben, nicht gut genug zu sein und nicht zu genügen? Angst war schon immer ein schlechter Ratgeber! Mit der Angst zu versagen leiten wir den Versagensprozess erst wirklich ein. Die VW-Marketingmanager wurden scheinbar zu Opfern ihrer eigenen Ängste, im Konkurrenzkampf anderen Autokonzernen zu unterliegen.

Der Gott Apoll in Apollinaris

Der Name *Apollinaris* für ein Mineralgetränk nutzt die Kraft eines Mythos im positiven Sinn. *Apoll*, auch *Apollo* oder *Apollon* genannt, ist der griechische Lichtgott. Bekannt ist er besonders, weil er die hellenistischen Ideale – männliche Schönheit, Poesie und Geistigkeit – verkörpert. Bei einem Getränk mit diesem Namen assoziieren wir sprudelnde Frische und Klarheit. Die Endung *-is* steht in der Runendeutung für *Sieg*, also auch für Aktivität und Erfolg.

Das Apollo-Raumfahrtprogramm

Apollo war auch der Name des US-Raumfahrtprogramms von 1968 bis 1972 mit diversen bemannten Mondlandungen. Hierbei ist interessant zu wissen, dass der Gott Apollo ursprünglich auch als Heil- und Sühnegott galt und damit Macht über Krankheit, Heilung und Tod innehatte. Erst später, im 5. Jahrhundert v. Chr., avancierte Apollo zum Licht- und Sonnengott.

Der Mond wurde erobert und der Weltraum erforscht, um notfalls eine Alternative für die ihrer Ressourcen geplünderte Erde zu finden. Hier spiegelt sich ebenfalls der Wunsch wider, Macht über Krankheit und Tod zu erlangen. Der Frage, ob es sinnvoll ist, die Erde zu plündern und zu zerstören und sich gleichzeitig nach einer alternativen Wohn- und Lebensmöglichkeit umzusehen, gehen wir hier nicht weiter nach. Wir untersuchen lediglich, ob Namensschöpfungen sinnvoll, unsinnig oder sogar paradox sind. Bedenken Sie dennoch, dass Sie mit der Namenswahl für Ihr Produkt oder Ihr Unternehmen etwas über Ihre Absichten aussagen, und berücksichtigen Sie, wie diese Aussage bei Ihrer Zielgruppe ankommt.

Impulse für die Praxis

Wenn Sie einen Namen aus der Mythologie wählen, achten Sie auf das Ende der Geschichte. Ein negativer Ausgang belastet auch Ihre Erfolgsgeschichte!

1. Ist der mythologische Hintergrund Ihres Werbenamens förderlich für Ihr Unternehmen oder das Produkt, für das Sie werben?
2. Steht ein Teil oder gar der ganze Inhalt der mythologischen Erzählung im Widerspruch zu Ihrer Unternehmensphilosophie oder der Werbebotschaft Ihres Produkts?
3. Gehört die gewählte Mythologie zum gängigen Allgemeinwissen oder müssen erst große Erklärungen abgegeben werden? Namen können verunsichern, wenn niemand so recht weiß, wie diese auszusprechen und zu schreiben sind, geschweige denn, was sie überhaupt bedeuten. Das war zum Beispiel auch beim Phaeton der Fall. Kann die Zielgruppe nichts mit dem Namen anfangen, befremdet und verwirrt dieser nur.

4. Erfolgsprinzip – Das Gesetz der Komplettierung

Wer A sagt, muss auch B sagen!

Wir streben nach Vollkommenheit. Analog dazu ist auch unser Geist darauf ausgerichtet, vorgegebene Teile automatisch zu einem Ganzen zu ergänzen. Beginnen wir beispielsweise ein Wort mit der Buchstabenfolge *Schei...*, so weiß jeder, dass wir „Scheibenkleister!" sagen möchten. Hören wir den Namen Julia, so vervollständigt das Gehirn die Buchstabenfolge *Ju* beispielsweise zu einem *Juhu, Jubel, Juwel* ... und aus dem *ia* wird automatisch ein *Ja* – lebensbejahende Bilder und optimistische Stimmungen werden hervorgerufen.

Nivea mit Niveau

Der Mensch puzzelt gern und liebt es, Kreuzworträtsel zu lösen. Quizsendungen in Radio und Fernsehen garantieren hohe Einschaltquoten. Das Gehirn freut sich, wenn es gefragt ist und Arbeit hat – so entsteht ein Gefühl von Sinn. Jedes Gehirn braucht Futter. Träge, aber auch überforderte Gehirne machen unglücklich. Beschäftigte Gehirne machen zufrieden und vollbeschäftigte lösen sogar Glücksgefühle aus. Eine intelligente Werbung bietet dem Gehirn gutes Futter und lösbare Aufgaben an.

Intelligent ist beispielsweise die Werbung von *Nivea*. Sie verfügt über einen großen Wiedererkennungswert und bietet damit die Möglichkeit der Identifikation. Zwischenzeitlich verbinden wir mit diesem Wort eine bestimmte Farbe, erkennen die Dosenform und wissen um den Inhalt. Der Name Nivea ist zudem gut gewählt. Automatisch fügt unser Gehirn ein U hinzu und so entsteht ein Wort, mit dem wir etwas anfangen können und das uns anzieht: Jeder möchte gern *Niveau* besitzen, und schon avanciert Nivea zur „Crème de la crème", zu der alle Menschen gehören möchten.

Was fällt Ihnen zu Sor... ein?

Dieses Rätsel stammt aus der Mercedes-Werbung. Der Autokonzern wirbt in einer Zeitschrift für sein E-Klasse-Modell mit dem Kfz-Kennzeichen S-OR.[8] Wie bei Nivea sucht das Gehirn, auch wenn uns das nicht bewusst ist, automatisch nach dem fehlenden Puzzlestück. Nun existieren im Deutschen zwei Wörter, die mit den Anfangsbuchstaben *Sor* gebildet werden können: *Sorge* und *Sorte.* Fester im Gehirn verankert ist der Terminus Sorge. Die meisten Menschen sind auf die Produktion von Sorgen programmiert, wohingegen wir mit der Entsorgung große Probleme zu haben scheinen. Unser Gehirn spuckt automatisch das Wort aus, mit welchem wir uns am stärksten identifizieren, unabhängig davon, ob uns diese Identifikation objektiv nützt oder schadet, Energie gibt oder raubt. Entscheidend ist der stärkere Wiedererkennungswert.

Die Qualität des angepriesenen Mercedes wird also sogleich mit Sorgen in Verbindung gebracht. Diese wollen wir aber eigentlich vermeiden und loswerden. Wir tendieren zur Verdrängung. Das ist vermutlich auch der Grund, warum die Negativwerbung den Marketingstrategen nicht auffiel. Kunden geraten allerdings in eine Zwickmühle: Einerseits sollen sie dem Stern von Mercedes folgen und das klasse E-Modell kaufen, andererseits stellt ihnen Mercedes Sorgen bereit, die sie nicht wollen. Mercedes knabbert damit an seinen eigenen Umsatzzahlen.

Das Gesetz der Komplettierung wirkt – unabhängig von der eigentlichen Qualität des Modells. Mercedes hätte sein E-Klasse-Modell auch mit dem Kfz-Kennzeichen E-CLA anpreisen können. Das deutsche Wort *Eklat* geht auf französisch *éclat* zurück, was *Helligkeit, Glanz, Pracht, Aufsehen* bedeutet. Ein Modell der S-Klasse könnte das Kfz-Kennzeichen S-KL tragen, da die Abkürzung SKL für *Süddeutsche Klassenlotterie* steht und zumindest die Deutschen damit einen Gewinn assoziieren.

Psychologische Mechanismen: 1&1 = ?

Die Internet-AG *1&1* (in Worten: *eins und eins*) bedient sich ebenfalls des Mechanismus der Komplettierung. Endlich brauchen wir keine Nachhilfe bei einer mathematischen Aufgabenstellung, denn 1 + 1 = 2, das wissen schon die Kinder im Kindergarten. Auf Kunden, die diese Aufgabe dennoch nicht lösen

8. *Stern,* Nr. 38, 13.09.2008, S. 10/11.

können, wird die Firma gern verzichten wollen. 1&1 stellt seine Kunden vor ein mathematisches „Problem", das sofort automatisch, wenn auch unbewusst, gelöst wird. Und Lösungen lösen Freude aus, denn lebenslang geht es um Loslösung und Erlösung. Das ist das Los beziehungsweise das Schicksal des Menschen. 1&1 ist also ein genialer Werbename, der die (Er-)Lösungssehnsucht des Menschen anspricht.

Weniger ist tatsächlich mehr. Oft genügt es, wenn in einem Namen eine bestimmte Andeutung enthalten ist, die die gewünschten Assoziationen automatisch nach sich zieht. Eine Werbung oder ein Name, der dem Gehirn kein Futter zu bieten vermag, verliert an Kraft oder kann sogar ohne Wirkung sein.

Impulse für die Praxis

Geben Sie Ihren Kunden ein Rätsel auf – das sie lösen können!

1. Achten Sie darauf, dass das Gehirn Ihrer potenziellen Kunden durch Ihren Firmen- oder Produktnamen möglichst gutes Futter bekommt.
2. Das Gehirn liebt alles Spielerische, Freie und Spannende. Den Ernst des Lebens gibt es auf unserem Planeten gratis, wir brauchen ihn nicht noch zu erwerben.
3. Achten Sie darauf, dass Buchstabenfolgen nicht an negativ besetzte Wörter erinnern. Lassen Sie das Gehirn positive Bezüge herstellen. Negative Bilder laden aus, ein Faktum, das auch heute oft noch unberücksichtigt bleibt, wie die Wahlplakate bundesdeutscher Parteien im Jahr 2008 zeigten. Die CSU nutzte beispielsweise eine Prügelszene, die sich gegen einen Rentner in der U-Bahn richtete, für politische Propaganda. Ein Schuss, der nach hinten loszugehen drohte. Urplötzlich waren die Plakate in München wieder verschwunden.

5. Erfolgsprinzip – Synergien erzeugen

Gleich und Gleich gesellt sich gern

Synergieeffekte entstehen, wenn es zu einer inhaltlichen Übereinstimmung auf mehreren Ebenen kommt: XXXL-Ottfried Fischer wirbt für die XXXL-Möbelhäuser auf einem roten XXXL-Stuhl. Der Wunsch, Dinge zusammenzubringen, die zusammengehören, ist allen Menschen gemein und drückt sich beispielsweise auch im Verlangen nach einem (Lebens-)Partner aus. Das beste Beispiel bietet die Autowerbung selbst: Einerseits gibt es das Auto, das Männlichkeit und Potenz verkörpert, und andererseits die Frau, die weibliche Schönheit ausstrahlt und reizvoll auf der Kühlerhaube beispielsweise eines forschen Porsches posiert.
Hier wird ein Gefühl der Zusammengehörigkeit erzeugt. Der Gegenpol dazu ist das Getrenntsein, auch ein menschliches Grundgefühl, das wie der Tod zum Leben gehört. Schon mit der Geburt werden wir von unserer Mutter getrennt, die Nabelschnur wird durchschnitten und unsere Lebenszeit beginnt – auch der Begriff *Zeit* geht auf die indogermanische Wurzel *da(i) = teilen, zerschneiden*[9] zurück und heißt so viel wie *Geteiltes.* Mit Themen wie Teilung und Trennung sind wir ein Leben lang konfrontiert. Deshalb zieht uns alles, was ein Gefühl des Verbundenseins vermittelt, also nicht einmal wirklich verbinden muss, automatisch in seinen Bann. Wird ein roter Faden zwischen den unterschiedlichsten Dingen erkennbar, egal, ob diese Dinge logisch zusammenpassen und zusammengefügt werden können oder nicht, so löst das Glücksgefühle aus. Aufgrund von Übereinstimmung erzielte Synergieeffekte machen uns glücklich!

Canon, you can!
Ähnlich genial wie Toyota mit Auris, der uns die Augen öffnet, wirbt *Canon* mit seinem Slogan: „You can! – Willkommen auf dem Spielplatz." Jeder möchte gern „können" sowie ein Könner sein und wieder spielen dürfen! Das verspricht einen Ausgleich in unserer überernsten Erwachsenenwelt.

---

9. Duden, *Das Herkunftswörterbuch*, S. 942.

Abgesehen davon können wir mit einem Fotoapparat Schnappschüsse machen und der Begriff Canon erinnert an eine *Kanone*, die ja ebenfalls zum Schießen gedacht ist. Das englische Wort *cannon* wird zwar mit doppeltem N geschrieben, die Aussprache ist aber gleich. Kanone ist durchaus auch positiv besetzt, umgangssprachlich steht das Wort im übertragenen Sinn für Größe – siehe *Sportskanone* – und für *bedeutender Könner*. Eine Kamera verleiht Menschen unter anderem einen Flair von Wichtigkeit. Schließlich fangen sie damit wichtige, „entscheidende" Momente des Lebens ein. Dieses Flair wiederholt sich im Anfangsbuchstaben C, der für Charakter und Charisma steht (siehe Seite 107). Somit kommuniziert Canon auf den unterschiedlichsten Ebenen Botschaften, die inhaltlich übereinstimmen.

Opel GT – die Liebe zum Auto

Gut mithalten kann auch die neue Opel-Werbung für den *GT*: „Der neue Opel GT – GT'aime!" Das G wird im Französischen *Je* ausgesprochen und *Je t'aime* heißt bekanntlich *Ich liebe dich*. Diese Werbung macht die starke Identifikation des Menschen mit seinem Auto zum Thema. Der Slogan wirkt auf unbewusster Ebene, auch wenn wir der französischen Sprache gar nicht mächtig sind.

Konzerne bedienen sich gern der kollektiven Kraft der Sprache, die vor Staatsgrenzen nicht haltmacht. Diese Kraft kommt aus dem Inneren der Worte und wirkt häufig auch dann, wenn wir die Sprache selbst nicht verstehen. Deshalb scheut sich auch Renault nicht, seinen Werbespot mit einem Satz in französischer Sprache zu beenden: „Renault, le créateur d'automobile." Auf Deutsch: „Renault, der Schöpfer des Automobils." Die Verwendung fremder Sprachen in der deutschen Werbung vermittelt im Zeitalter der Globalisierung ein Gefühl von Welt. Vor zwanzig, dreißig Jahren hätte es sicherlich für die meisten Menschen noch befremdlich gewirkt, mit einer fremden Sprache in der Werbung konfrontiert zu werden.

Renault – spielerischer Umgang mit der Konkurrenz

Richtig genial ist die Crashtest-Werbung von Renault: Erst fährt eine Weißwurst, welche für deutsche Automarken steht, gegen die Wand und zerplatzt, weil der Aufprall zu stark ist. Dann kommt das Sushi-Modell, japanische Automarken repräsentierend, an die Reihe, auch dieses übersteht den Crashtest nicht. Schließlich fährt ein Baguette an die Wand. Es lässt sich

beim Aufprall elastisch zusammendrücken, um dann automatisch wieder in die ursprüngliche Form zurückzufinden. Der Sieger im Crashtest steht unkommentiert fest!
So werden Synergieeffekte erzeugt: Renault ist eine französische Automarke und bei einem Baguette denken wir ebenfalls automatisch an Frankreich. Wenn also das Baguette den Crashtest unbeschadet übersteht, so schlussfolgern wir schnell, dann werden Autos der Marke Renault aus diesem genauso erfolgreich hervorgehen. Kritische Anmerkung: Frisch und knusprig kann das Baguette nicht gewesen sein!

E.ON
Ein intelligenter Name für einen Energiekonzern. E steht ohnedies für Energie (siehe Seite 109) und *ON* heißt auf Englisch *an* und *eingeschaltet sein.*

Synergieeffekte durch Spiegelbilder

Lesen wir *Leben* rückwärts, entsteht das Wort *Nebel.* Unser Gehirn nimmt selbst Wörter wahr, die beim Rückwärtslesen einen Sinn ergeben. Und Sinn, der sich auf unterschiedlichen Ebenen ergibt, löst stets gute Gefühle aus – unabhängig davon, ob wir das Sinnspiel mit den Buchstaben und Wörtern bewusst wahrnehmen oder ob der Sinn im Unbewussten bleibt. Je mehr „Freude“ ein Werbename auslöst, desto stärker ist seine Wirkung.
Es gibt Wörter, die vorwärts und rückwärts gelesen dasselbe bezeichnen. *Tot* bleibt unumkehrbar tot, da gibt es nichts zu rütteln. Auch *Rentner* bleiben, egal, ob vorwärts oder rückwärts, zum Ärger der Rentenkasse immer Rentner, bis sie eines Tages sterben. Eine Tatsache, die Politiker wohl dazu bewog, das Rentenalter auf 67 zu erhöhen. Für manche die Gesundheit beeinträchtigenden Berufssparten würde dies übrigens bedeuten, dass die Menschen dort statistisch gesehen noch zwei Jahre nach dem Tod weiterarbeiten müssten. Ebenso bleibt die *Ehe* eine Ehe, auch wenn man sie von rechts nach links liest. So einfach scheint das mit der Scheidung also nicht zu sein.
Diesem Prinzip verdankt unter anderem der Produktname *Uhu* seinen Erfolg. Vorwärts oder rückwärts: Uhu bleibt Uhu – der Alleskleber. Der Produktname ist sogar zu einem Synonym für Klebstoff geworden. Hier zeigt sich eine ähnliche Genialität wie beim Werbenamen *Google*: Als Verb ist

googeln in den kollektiven Wortschatz aufgenommen worden, während *wikiwixen* oder *rürup(p)en* sich nicht durchsetzen konnten. Ruediger Dahlke verweist beim Werbenamen Uhu gern auf die selbstbewusste Schweiz als Ausnahme: Für die Schweizer bleibt auch der beste Uhu einfach nur ein „Kleberli".

Es gibt Wörter, die rückwärts gelesen einen neuen Sinn ergeben, während beide Begriffe dennoch in einem Kontext bleiben: Wenn wir unser *Leben* nicht nehmen, wie es ist, stehen wir im *Nebel*, finden uns also nicht mehr zurecht. Ein *Regal* gehört natürlich ins *Lager*. Die *Leber* ist rückwärts gelesen ein *Rebel(l)*, zugegeben mit kleiner Rechtschreibschwäche. Zufällig steht die Leber archetypisch für den Sitz des Lebens, aber auch der Wut, die auszubrechen droht, wenn uns „eine Laus über die Leber läuft".

Die Werbung kann sich dieses Spiel mit Worten zunutze machen. Spiegelverkehrtes Lesen lohnt sich beispielsweise bei der Schweizer Markenuhr *Ebel*. Von hinten nach vorn gelesen ergibt sich die Aufforderung „Lebe!". Ein geniales Spiel mit Spiegelbildern finden wir auch im Werbenamen *Google*, spiegelbildlich ergibt sich von links nach rechts sowie von rechts nach links „Go!".

Über eine ähnliche Magie verfügt der Firmenname *Toyota*. Vorwärts und rückwärts lesen wir *toy-toy*, gesprochen „Toi, toi!", was wir sagen, wenn wir Menschen Glück wünschen. Im Produktnamen *Maoam* haben wir vorwärts und rückwärts *Ma(o)*. Dennoch ist der Artikel nicht „Made in China" und war auch keine Lieblingsspeise von Mao. Das *Ma* erinnert natürlich an *Mama*. Und bei Muttern schmeckt es immer noch am besten. Mama löst gute Gefühle aus. Der Vokal O steht zudem für Gefühl und Leidenschaft (siehe Seite 120). Maoam ist ein genialer Begriff für einen Artikel aus der Süßwarenbranche, denn Süßes bringen wir automatisch mit Mutter beziehungsweise süßlich schmeckender Muttermilch, dem ursprünglichen Maoam, in Verbindung.

Auch Wiederholungen von Wörtern und Wortbestandteilen haben ihren Reiz. Das französische *Bonbon* hat sich eingeprägt – übersetzt heißt es *gut, gut*. Der ursprüngliche Artikelname für ein „Gutzle" fand internationale Verbreitung sowie Anerkennung und gilt heute als Synonym nicht nur für Lutscher, sondern für Süßigkeiten schlechthin.

Die Magie der Spiegelbilder in Worten ergibt sich automatisch aus einem philosophischen und psychologischen Prinzip: Das, was wir erleben, scheint

real für uns, ist aber in Wahrheit eine Spiegelung der Realität durch unseren Geist. Zudem spiegeln wir uns in anderen Menschen wider, was uns meist nicht bewusst ist. Sind wir schlecht gelaunt, treffen wir an diesem Tag zielsicher auf Menschen mit ähnlich schlechter Laune. Lebenspartnern wird das oft zum Verhängnis. Sie bekämpfen im Streit ihr eigenes Spiegelbild, ohne zu erkennen, dass sie selbst die tatsächliche Quelle ihrer Probleme sind. Ein anderer Terminus für Spiegelung ist *Reflektieren*. Die Reflexion dient der Selbsterkenntnis und Heilung. In der Charakterbildung arbeiten Anthroposophen bewusst mit dem Prinzip der Ähnlichkeit. Sie setzen beispielsweise Schüler mit ähnlichem Charakter im Unterricht zusammen. So kann der Phlegmatiker aus seinem eigenen Phlegma, das ihm gespiegelt wird, erwachen. Gerade der andere, der ihm fürchterlich auf den Geist geht, ermöglicht ihm, sein Phlegma abzuschütteln und aktiv zu werden.
Wir reflektieren also in zwei Richtungen: spiegeln uns im Außen und besinnen uns im Inneren auf uns selbst. Wenn wir das verstanden haben und annehmen, erlangen wir einen „heilen" Zustand: *Heil* bedeutet im Mittelhochdeutschen *glücklicher Zufall*. Auch eine gute Werbung lässt dem Menschen glückliche Gefühle zufallen, indem sie sich guter Spiegelungen bedient. Die meisten Namen, die Spiegelbilder enthalten, haben sich Werbeleute übrigens nicht ausgedacht. Der berühmte Zufall hat für sie gearbeitet. Wissen wir aber um die Kraft dieser Spiegelbilder, dann können wir sie bewusst einsetzen.

Glückliche Zufälle in Wörtern – Learning by heart!

Das Herz gilt als Sitz der Seele, der Liebe, des Gefühls und der energetischen Mitte. Deshalb nehmen wir uns Essenzielles zu Herzen. Was wir auch beginnen, wir sollten es mit dem Herzen beginnen. Besonders gut können wir mit dem Herzen lernen. Die englische Redewendung „learning by heart" heißt *auswendig lernen*. Wörtlich aber bedeutet *auswendig*: Inwendiges, also Herzliches, nach außen bringen. Ähnlich beschreibt es folgende Redensart: „Wes das Herz voll ist, des geht der Mund über."
Dank der großen Symbolkraft des Herzens kommt der Begriff *heart* als Anagramm in zahlreichen Wörtern vor. Zum Beispiel in *earth* = *Erde*. Auf der Erde wird ebenfalls Entscheidendes mit dem Herzen bewegt. Das verhärtete Herz, siehe das deutsche *hart* – ebenfalls in *heart* enthalten –, wird

mit Tränen gelöst. *Tear* = *Träne* ist wiederum fast ein Anagramm von *heart*. Zudem ist in *heart* das Wort *hear* = *hören* und *ear* = *Ohr* enthalten, das im Terminus Zuge*hör*igkeit auftaucht. Mit dem Herzen können wir unsere Zugehörigkeit fühlen.
In der Werbung können wir mit dem Zufall im Wort spielen. Der Slogan für Toyota „Gute Fahrt, toy-toy!" liegt auf der Hand. Ähnlich könnten wir bei der Markenuhr Ebel das Anagramm „Lebe!" nutzen und Menschen an die wunderbaren Augenblicke Ihres Lebens erinnern. Hierzu müssen wir allerdings Anagramme und Spiegelbilder in Namen erkennen und sie für unsere Zielgruppe sichtbar machen.

Aufgeladene Wörter und Symbole

Der Begriff *Smart* erinnert sofort an den Slogan „Viele, viele bunte Smarties", mit dem Kinder für Süßigkeiten gewonnen werden sollten. Auch Daimler wirbt mit bunten Automodellen: dem Smart. Es wird eine ungünstige Analogie aufgestellt: Smarties und kleine Kinder beziehungsweise Smart und kleines Auto. Ungünstig, weil Kinder kein Auto fahren können und für einen Kauf ihr Taschengeld sicher nicht ausreicht. Besonders Deutsche wollen mit ihrem Auto als Statussymbol ernst genommen werden. Da interessiert es nicht, dass ein kleines Auto nur wenig Sprit verbraucht. Kleines Auto bedeutet „kleines Geld" – und das löst Unbehagen aus. Wer möchte schon den Eindruck erwecken, nur über wenig Geld zu verfügen? Analogieketten, die negative Gefühle heraufbeschwören, sind nur schwerlich wieder aufzulösen und durch positive Bilder und Kräfte zu ersetzen. Deshalb sollten Sie überprüfen, ob die Botschaft, die Sie vermitteln möchten, und der Inhalt des Namens, den Sie gewählt haben, übereinstimmen. Mittlerweile hat sich der Smart etabliert und erfreut sich zunehmender Beliebtheit – dennoch sollte bei der Namensschöpfung berücksichtigt werden, was Kunden eventuell mit dem gewählten Namen verbinden.
Sprache und Wörter können auch aufgrund historischer Ereignisse und kollektiver Erfahrungen einer kulturellen Gemeinschaft negativ besetzt sein – die Ereignisse haben in der Sprache ihre Spuren hinterlassen. Ein besonders gravierendes Beispiel führt uns die deutsche Geschichte vor Augen. Selbst nach über sechzig Jahren ist der Name Adolf nahezu nirgendwo mehr zu finden, desgleichen die Buchstabenfolgen HJ, SS und SA. Die Buchstaben-

kombinationen sind durch den Missbrauch des Hitlerregimes negativ besetzt, sodass sie bei Kfz-Schildern behördlicherseits gesperrt bleiben. Ebenso das Hakenkreuz, das ursprünglich ein rein positives Symbol der Kraft war und beispielsweise an Eingangstoren alter indischer Tempel zu sehen ist. Ganz verschwinden werden diese Spuren niemals. Essenzielle Prägungen bleiben im kollektiven Gedächtnis.

Ein Massenmörder wirbt für Hannover

Wörter, Buchstabenkombinationen und Symbole, die negativ aufgeladen sind, sollten Sie natürlich vermeiden. Dass solche Aspekte aber häufig unberücksichtigt bleiben, zeigt folgendes Negativbeispiel einer Werbekampagne: Die Hannover Tourismus GmbH wirbt für die Stadt Hannover mit einem Weihnachtskalender. Im ersten Türchen steht der Massenmörder Fritz Haarmann mit Mantel, Hut und Hackebeil, jener Mann, „der vor rund 90 Jahren 24 Morde an Jungen und jungen Männern verübte, ihre Leichen mit dem Beil zerstückelte und in die Leine warf. Der Chef der Hannover Tourismus GmbH, Hans-Christian Nolte, kann nichts Anstößiges erkennen: ‚Es ist ein Stück unserer Stadt', sagte er."[10] Warum wirbt man mit solch furchtbaren Ereignissen für eine Stadt? Alle Massenmörder nach Hannover? Kinder aus den 50er- und 60er-Jahren kennen noch den makaberen Kinderreim: „Warte, warte noch ein Weilchen, dann kommt Haarmann mit dem Beilchen!" Diese Gruselgeschichte ins erste Türchen eines Weihnachtskalenders zu packen, ist besonders pervers. Erinnern wir uns doch daran, wie erwartungsvoll kleine Kinder das erste Türchen aufreißen – in diesem Fall allerdings ihr letztes. Hoffentlich findet dieses Marketing keine Nachahmung, beispielsweise von der Stadt Braunau!
Mehr zu energetisch aufgeladenen Wörtern finden Sie ab Seite 158.

---

10. In: *Hessische/Niedersächsische Allgemeine*, 02.11.2007.

Impulse für die Praxis

Was wollen Sie Ihrer Zielgruppe mitteilen?

1. Was sind die Grundaussagen Ihres Unternehmens, Ihrer Philosophie, Ihres Produkts? Nehmen Sie Ihr schriftliches Leitbild als Basis für eine gute Werbung! Was ist das Essenzielle, das Sie zum Ausdruck bringen möchten? Welche analogen Ebenen und Bilder gibt es, die Ihre Aussage untermauern: Kennen Sie das Werbeplakat mit den zwitschernden Vögeln, die auf dem Kabel zwischen zwei Elektromasten sitzen? „Kommunikation auf höchster Ebene", steht darunter geschrieben. So funktioniert gute Werbung.
2. Schaffen Sie positive, spielerische und intelligente Verbindungen! Trennung erleben die Menschen schon oft genug.
3. Ein Bild sagt mehr als tausend Worte! Erinnern Sie sich an die Crashtest-Werbung von Renault. Aber auch Wörter können Bilder im Kopf Ihrer Zielgruppe entstehen lassen. Seien Sie kreativ!

6. Erfolgsprinzip – Das Gesetz der Polarität

Gegensätze ziehen sich an

„Gegensätze ziehen sich an!" Diese Volksweisheit geht auf das Gesetz der Polarität zurück. Ergänzungsgegensätze ergeben nur zusammengenommen ein Ganzes, wie die Beispiele Leben und Tod, Tag und Nacht sowie Mann und Frau verdeutlichen.

„Augen auf, wenn du besser schlafen möchtest!"
Gute Werbung spielt mit Gegensätzen. *Ikea* liebt scheinbar wie Toyota den Slogan „Augen auf ...". Allerdings nicht, um aufzuwachen und zu kaufen, sondern „wenn du besser schlafen möchtest!", rät der Konzern.
Ebenfalls nach diesem Prinzip funktioniert ein Werbeplakat für christliche Jugendarbeit. Darauf ist ein Mädchen abgebildet, das sich eine Mütze über die Augen gezogen hat. Darunter steht: „Offen für den Glauben."[11] Interessant ist auch die Smart-Werbung. Das kleine Auto, das so manchem Autofan zu eng vorkommen wird, wirbt mit dem gegenläufigen Slogan: „Open your mind!" Sm*art* ist die neue Art. Das Auto ist klein, aber oho! Denn *smart* heißt *schick, schlau, clever, vornehm*. Aus genannten Gründen ist der Name Smart für ein Auto dennoch mit Vorsicht zu genießen (siehe Seite 36).

Das Unternehmen Saturn
Der Name *Saturn* ist im englischen *saturday* noch deutlich erkennbar. „Der christliche Feldzug gegen die alten Namen der Wochentage wurde von der angelsächsischen Mission unter Bonifatius (um 673–754) geführt und war eigenartigerweise nur auf dem Kontinent erfolgreich. Während auf den britischen Inseln der alte Name *saturday* erhalten blieb, setzte sich in Norddeutschland die Bezeichnung *Sonnabend* (Vorabend des Sonntag) durch; das süddeutsche *Samstag* ist – wie auch französisch *samedi* [...] – auf das vulgärgriechische *sambaton* (von griech. *sabbaton* für hebr. *sabbath*), die Bezeichnung des

11. Gesehen in Eschwege 2007.

wöchentlichen Ruhetags der Juden, zurückzuführen. [...] Saturn glich der schwarzen Sonne [...], er war der Herr der Toten im tiefsten Punkt der Unterwelt und stellte die Sonne in ihrem Nadir, ihrem tiefsten Stand zur Zeit der Wintersonnenwende, dar. Mitunter wurde er auch als Sonne der Nacht bezeichnet.“[12] Nach Barbara G. Walker ist Saturn wie Shiva Gott und Dämon (Zerstörer) zugleich – vereint also bereits die Gegensätze in sich.
Der einstige Slogan der Firma Saturn „Geiz ist geil!“ drückt ebenfalls diesen Ergänzungsgegensatz des Saturns aus. *Geiz* kommt von *Gier*. Diese ist als Wortbestandteil in *Neugierde* positiv zu deuten, die Gier drückt hier schlicht ein Verlangen aus. Negativ besetzt taucht der Begriff in *Begierde* auf. Geiz setzt Impulse, Dinge *gierig* zu raffen und festzuhalten. *Geil* hingegen ist verwandt mit *gären* und heißt im Althochdeutschen *kraftvoll, üppig, lustig, fröhlich* – beschreibt also das pure sprühende Leben. „Vor 500 Jahren waren Kühe geil, wenn sie ein Kalb trugen“[13], was im Übrigen auch zu Saturn, dem altrömischen Gott der Aussaat, passt. Nimmt man alle Deutungen zusammen, werden sowohl negative als auch positive Assoziationen geweckt und gegenübergestellt – das weckt Aufmerksamkeit. Das Wort geil enthält zudem die Aufforderung „Eil!“ und Käufer werden animiert, sich zu beeilen, um rechtzeitig nach günstigen Schnäppchen zu schnappen.
Besonders interessant ist, dass Saturn in der Astrologie für das begrenzende und einschränkende Prinzip steht – ein mutiger Name also für ein Wirtschaftsunternehmen, das auf Ausdehnung und Wachstum ausgerichtet ist. „Jupiter bringt Entfaltungsmöglichkeiten; Saturn setzt den Rahmen, in dem das Wachstum sich vollziehen kann. In seiner positiven Form steht Saturn für Selbstdisziplin und Selbstbeherrschung, in der negativen Form bringt er Einengung und Hemmung.“[14] Der Name mag ein Grund für das einstige und vielleicht wiederkehrende wirtschaftliche Auf und Ab des Unternehmens sein. Als Billiganbieter von technischen Artikeln setzt Saturn der Konkurrenz Schranken, schafft neue Preismaßstäbe, bewegt sich allerdings zuweilen auch selbst auf dem schmalen Pfad zwischen Marktführung und Untergang. Intelligent am Werbeslogan „Geiz ist geil“ ist, dass die Begrenzung (Geiz) positiv aufgelöst wird (geil). Der letzte Buchstabe Z von Geiz steht für Abgrenzung, das L von geil für Lebenslust (siehe Seite 133, 117).

---

12. Barbara G. Walker, *Das geheime Wissen der Frauen*, S. 973 ff.
13. „... plötzlich ist Geiz nicht mehr geil.“ In: *Hamburger Abendblatt*, 25.10.2007.
14. Nicholas Campion, *Der praktische Astrologe*, S. 19.

2007 kreierte die Werbefirma *Scholz & Friends* einen neuen Slogan, der ebenfalls mit dem Gesetz der Polarität spielte. Auf Plakaten stand: „Wir lieben und wir hassen", wobei der ganze Slogan hieß: „Wir lieben Technik und wir hassen teuer!" Liebe steht für Ausdehnung, denn Liebe ist Wärme und diese schafft Raum und Möglichkeiten; mit Hass assoziieren wir Kälte, er steht für Begrenzung. Mittlerweile wurde der Slogan reduziert auf: „Wir hassen teuer!"
Ein Slogan, der Gegensätzliches gegenüberstellt, entspricht dem Archetyp des Saturns. Synergieeffekte entstehen. Ohnedies wird eine große Wirkung erzielt, wenn Gegensätze zusammengebracht werden wie in „Geiz ist geil!" oder wenn Gegensätze wertfrei nebeneinander stehen wie in „Wir lieben und wir hassen". Das Spiel mit Gegensätzen spiegelt das Grundprinzip des Lebens wider und zieht uns Menschen deshalb an.

Polarität und Gleichklang in Reimen

„Es klapperten die Klapperschlangen,
bis ihre Klappern schlapper klangen."

Dieser bekannte Schüttelreim wird Menschen noch in hundert Jahren zum Lachen bringen. Warum aber sind Reime witzig und machen uns glücklich? Ein Reim ist ein gleichklingender Ausklang zweier Verse in einer oder mehreren Silben. Das althochdeutsche *rim* bedeutet *Reihe, Reihenfolge*. Das heißt, mit Reimen verknüpfen wir unterschiedliche, aber analoge Ebenen miteinander.
Wenn wir Gedichte betrachten, können wir feststellen, dass sie unter anderem Gegensätzliches miteinander verbinden, deshalb Aufmerksamkeit auf sich ziehen und ein „gutes" Gefühl vermitteln – das sollte auch Werbenamen und Slogans gelingen. Zur Verdeutlichung schauen wir uns ein Gedicht von Erich Kästner an:

„Da hilft kein Hohn und auch kein Spott,
kein Fluchen und kein Beten.
Die Nachricht stimmt: Der liebe Gott
ist aus der Kirche ausgetreten."

Spott kommt von *speien*. Mit spöttischen Aussagen wird das eigene Unreine auf andere Menschen gespuckt. Spott ist etwas **Schlechtes**.	**Gott:** Das englische *god* schreibt sich fast wie das Adjektiv *good* = *gut*. Gott ist auch ein Synonym für **Gutes**.
Beten meint **nach innen gehen**.	Das Verb **austreten = hinaustreten** beschreibt genau das Gegenteil.

Die Worte, die sich aufeinander reimen, ähneln einander einerseits aufgrund ihres Gleichklangs. Andererseits stehen sie inhaltlich im direkten Gegensatz zueinander. Den Witz solcher Wortspiele finden die meisten Menschen reizvoll, und Menschen, die sich über solchen Witz freuen können, sind kauffreudiger. *Witz* geht übrigens auf den Begriff *wetzen* zurück, er schärft die Sinne und lässt Namensschöpfungen scharfsinnig sowie intelligent erscheinen.

Impulse für die Praxis

Bringen Sie Gegensätzliches raffiniert zusammen!

1. Spielen Sie mit sich ergänzenden Gegensätzen!
2. Immer wenn Gegensätzliches zusammengeführt wird, freut sich der Mensch. Eine Werbung, die Freude auslöst, zieht Kunden an, und sich freuende Kunden kaufen mehr als Menschen, die sich ärgern.
3. Verbinden Sie auf kreative Weise Gegensätzliches miteinander, auch wenn dabei ganz neue Kombinationspaare entstehen. Das Gehirn liebt Neues, neue Verbindungen werden sofort abgespeichert, der Erinnerungswert ist somit besonders hoch.
4. Schaffen Sie auch hier positive Verbindungen: Negatives holen wir ungern in unser Leben, sondern versuchen, es schnell zu vergessen.

7. Erfolgsprinzip – Das Gesetz der Entsprechung

Du heißt, wie du bist – du bist, wie du heißt

Dieses Prinzip besagt, dass sich alles auf allen Ebenen widerspiegelt, also eine Entsprechung findet. Geld auf der materiellen Ebene entspricht Anerkennung und Geltung auf der geistigen Ebene. Die Angst durchzufallen äußert sich nicht selten, indem wir einen Durchfall bekommen. Und unsere Namen tragen Bedeutungen in sich, die wir automatisch assoziieren, weil sie im kollektiven Bewusstsein unserer Kultur verankert sind.
Die Kraft mythologischer Namen haben wir bereits anhand von Marken wie Phaeton und Apollinaris beschrieben. Genauso wie diese sind auch Vor- und Familiennamen mit einer bestimmten Energie aufgeladen. Da sich viele für die Verwendung ihres Namens beispielsweise als Firmenname entscheiden, möchte ich in diesem Kapitel ausführlich auf die Wirkung von Vor- und Familiennamen eingehen.
Sie spielen unter anderem bei Künstlern eine große Rolle. Oft wirken Künstlernamen dabei nicht nur nach außen, sondern beeinflussen auch die Persönlichkeit der Namensträger. Was passiert mit einer Rosemarie Magdalena Albach-Retty, die dank ihres Managements auf den Künstlernamen Romy Schneider reduziert wird? Will ein Woody Allen als *Hollywoody allen* gefallen? Was geschieht, wenn er sich diesen Künstlernamen gibt, obwohl er in Wirklichkeit Allen Stewart Konigsberg heißt? Welche Gefühle löst der Name Roy Black bei Menschen aus? Ist Roy treu? Was verbinden wir mit dem Nachnamen Black, assoziieren wir damit nicht Gefühle wie Traurigkeit und Trauer? Und was geschieht, wenn ein Roy Black „Ganz in Weiß mit einem Blumenstrauß“ singt? Wird hier nicht intelligent mit dem Gesetz der Gegensätze gespielt?
Vor- und Familiennamen spielen auch in Unternehmens- und Produktnamen eine große Rolle. Wen spricht eine Zeitschrift namens *Petra* an, auf welche Zielgruppe fokussiert sich *Brigitte*? Welche Wirkung erzielen *Bruno Banani* oder *Hugo Boss* mit ihren Namen in der Modebranche. Was hat das

Navigationssystem *TomTom* mit dem Namen Tom zu tun? Und was würde Cäsar sagen, wenn er seinen Namen auf einer Dose für Hundefutter (*Cesar*) wiederfände? Zieht der Name Bill, sodass viele Männer sich *Billy Boy* aus dem Automaten ziehen?

Die Philosophie der Namensgebung

Nachdem Gottvater alle Tiere und Pflanzen erschaffen hatte, so berichtet die biblische Schöpfungsgeschichte, übergab er sie dem Menschen, um zu sehen, wie er sie nennen würde. Nur die Namensgebung des Menschen behielt sich Gott selbst vor. Er verband mit jedem menschlichen Namen eine unverwechselbare Eigenheit und nannte den ersten Mann Adam und seine Frau Eva. Adam geht auf das hebräische *adamah* zurück, was *Lehmboden, rote Erde* bedeutet. Im Hebräischen ist Adam kein Vorname, sondern heißt einfach *Mensch*. Dieser ist nach der christlichen Mythologie aus Lehm geschaffen. Eva heißt im Hebräischen *chajjah* und wird mit *Lebensschenkende* übersetzt, weil der Frau die Möglichkeit obliegt, zu gebären, also Leben zu schenken.
Zufällig ist im Wort *Namen* die uns aus der christlichen Liturgie bekannte Akklamationsformel *Amen* enthalten, was in etwa heißt: „So sei es!" In *Nomen* steckt der Terminus *Omen*, übersetzt *Vorbedeutung*. Das führte zum Sinnspruch „Nomen est Omen". Und zufällig erinnert der Ausdruck *ich heiße* an *Geheiß* und an die *Verheißung*. Unsere Namen sind also voller Vorbedeutungen. Johann Wolfgang von Goethe schreibt in seinem *Faust*: „Bei euch, ihr Herrn, kann man das Wesen gewöhnlich aus dem Namen lesen."[15] Und er sagt an anderer Stelle: „Der Eigenname eines Menschen ist nicht etwa wie ein Mantel, der bloß um ihn herumhängt und an dem man allenfalls noch zupfen und zerren kann, sondern ein vollkommen passendes Kleid, ja wie die Haut selbst, ihm über und über angewachsen, an der man nicht schaben und schneiden darf."[16]
Menschen in unserer Kultur beziehen sich in der Regel meist nicht auf solch essenzielle Aussagen großer Geister. Lieber verlassen sie sich auf die zwischenzeitlich kollektiv anerkannte Interpretation der Redewendung: „Name ist Schall und Rauch"[17], die ebenfalls aus Goethes *Faust* stammt und im

15. Johann Wolfgang von Goethe, *Faust I*, Studierzimmer.
16. Johann Wolfgang von Goethe, *Dichtung und Wahrheit*.
17. Johann Wolfgang von Goethe, *Faust I*, Marthens Garten.

Duden folgendermaßen gedeutet wird: „Der Name allein sagt noch nichts über jemanden, über etwas aus; Namen sind vergänglich.“[18] Allerdings ließ Goethe Faust diesen Satz sprechen, als dieser so sehr in Gretchen verliebt war, dass ihm die Worte fehlten: „Name ist Schall und Rauch, umnebelnd Himmelsglut.“[19] Er wollte damit nur seine Sprachlosigkeit und sein Unvermögen, etwas Großes zu benennen, ausdrücken. Denn es ist durchaus von Belang, die Dinge beim richtigen Namen zu nennen, und außerdem kann auch die Wirkung von Schall und Rauch sehr nachhaltig sein!

Kleine Namenskunde anhand von Kinderreimen

„Alle Kinder sitzen um das Feuer. Nur Brigitte sitzt in der Mitte!“, besagt ein Reim. Brigitte kommt vom keltischen *briganti* (*der/die Erhabene, Göttliche*). Sie galt als dreifache Göttin des großen keltischen Reichs der *Brigantia*, das Teile Spaniens, Frankreichs und der Britischen Inseln umfasste. Im englischen Wort *bright* = *hell* spiegelt sich die Essenz von Brigitte wider. Brigitte steht gern im Rampenlicht. Im obigen Fall allerdings nur für kurze Zeit, bis sie samt Namen wieder zu Schall und Rauch wird.

„Alle Kinder gehen neben dem Sarg. Nur Hagen, der wird getragen“, spricht ein weiterer Reim. Zwar bedeutet Hagen auf Althochdeutsch lediglich *Einhegung*, in der Runendeutung allerdings steht *hag* und *hagal* für *Himmel* und *Hölle* und damit auch für Schicksal. Hölle hängt mit dem Wort *Höhle* zusammen, aus der wir alle herzukommen scheinen. Hagen ist gerade auf dem Weg dahin zurück. Auch im *Nibelungenlied* erfahren wir, dass Hagen etwas mit Schicksal zu tun hat: Er erschlug Siegfried und spielte damit Schicksal.

„Alle Kinder rennen aus dem brennenden Haus. Nur Klaus, der schaut raus!“ Klaus geht auf den großen Namen Nikolaus zurück. Das altgriechische *nike* lautet übersetzt *Sieg* (Denken Sie in diesem Zusammenhang auch an den Sportschuh!) und *laos* heißt *Volk*. Nikolaus bedeutet *Sieg des Volkes* oder auch *Sieger über das Volk*. Wir kennen Sankt Nikolaus vor allem aus der Vorweihnachtszeit. Er steht für Gerechtigkeit und dieser Gerechtigkeitssinn lebt in den Trägern des Namens Nikolaus oder auch der Kurzformen Niklas

18. Duden, *Redewendungen*, S. 536 ff.
19. Johann Wolfgang von Goethe, *Faust I*, Marthens Garten.

und Klaus fort. Kämpfer der Gerechtigkeit gehen manchmal einen eigenwilligen Weg, weshalb Klaus wahrscheinlich immer noch im Haus ist und aus dem Fenster schaut, obwohl alle anderen davonlaufen.

Was der Volksmund verheißt: Von dummer August bis Zappelphilipp

Der Volksmund ist bekanntlich weise. In Redensarten, Namen, vor allem Spitz- und Kosenamen, spiegeln sich tiefe Wahrheiten wider – Ausnahmen bestätigen dabei die Regel.

Der dumme und der erhabene August
Kein Zirkus kann auf August und Augustine verzichten. Sie sind Bestandteil ihrer „Werbung". Menschen wollen zum Lachen gebracht werden.
August geht auf das lateinische *augustus* (*heilig, ehrwürdig, erhaben*) zurück. Wirklich dumm kann der *dumme August* also nicht sein! Das lateinische *augere* heißt zudem *wachsen, vermehren* und so trägt auch unser Erntemonat den Namen August (eigentlich nach dem römischen Kaiser Augustus).
Der dumme August setzt gern seinen Witz ein. Dieser kommt etymologisch von *Wissen*, zeugt also von Klugheit, denn ein *witziger* Mensch hat seinen Verstand *gewetzt* und geschärft. Der dumme August fesselt als schlauer Clown unsere Aufmerksamkeit. Es ist überdies eine hohe Kunst, in die Rolle des Clowns zu schlüpfen; schon der Narr am Hofe galt als weise, und nur wer gescheit ist, kann wirklich gut den Dummen spielen. [20]

Ein wirklich dummer August
Welchen Spannungen ist ein Mensch ausgesetzt, der Ernst August heißt wie der Prinz von Hannover? Was ist er denn nun: *ernst* zu nehmen oder ein *dummer August,* dessen tollpatschiges Verhalten hervorsticht? Sein *unerhörtes* Benehmen lässt darauf schließen, dass er sich von seinen Mitmenschen nicht gehört fühlt und getrieben ist, sich Gehör zu verschaffen. So gesehen erscheinen die Eskapaden des Welfenprinzen Ernst August von Hannover in einem verständlicheren Licht. Die hohen Erwartungen, die in Ernst August,

20. Joachim Schaffer-Suchomel, *Nomen est Omen,* S. 106 ff.

den Erhabenen, gesetzt werden, scheinen zu hoch zu sein. Aber auch der intelligente Witz von August ist ihm abhanden gekommen, wahrscheinlich wurde er vom Ernst im Keim erstickt.[21]

Schwulenwitze mit Detlef

Der Name Detlef kommt aus dem Altsächsischen von *thiad, das Volk,* und *leva, Nachkomme, Erbe, Sohn, Tochter*. Vielleicht genügt schon die Bedeutung Tochter als Begründung dafür, dass Detlef die Hauptrolle in Schwulenwitzen spielt. Vielleicht führte auch die althochdeutsche Ursprungsform *dietleib = Leib des Volkes* dazu, dass Detlef zum Ausleben sexueller Fantasien herhalten muss. Sicher ist, dass der Anfangsbuchstabe D und das F am Ende des Namens weich gesprochen werden und damit weibliche Qualitäten besitzen. Das allein mag schon als Reiz genügen, sich über Detlef und seinen Namen lustig zu machen. Der derzeit wohl bekannteste Namensträger ist Detlef D! Soost, in der Presse als „nah am Wasser gebauter Kuschelbär" beschrieben, allerdings auch als unberechenbarer „knallharter Drill-Instructor" bekannt.[22]

Fritzchenwitzchen

„Das ist der Witz vom kleinen Fritz, der in der Badewanne sitzt und mit dem Pippi spritzt." Auch heute noch entstehen immer wieder neue *Fritzchenwitzchen*, sie sind vor allem bei Kindern sehr beliebt. Auf schelmische Art und Weise wird hier von Dingen erzählt, die sonst nicht laut gesagt werden sollen. Fritz reimt sich nicht nur auf Witz, sondern gilt auch als besonders witzig und spritzig. In Fritz ist zudem das Wort *ritz* enthalten, was ursprünglich *reißen* heißt. Fritz ist gerissen. Letzteres gilt auch für den *Zeitungsfritzen*, der sich notfalls verrenkt, um an wichtige Informationen zu gelangen.

Der alte Fritz

Von Fritz und Friedrich wird nicht nur intelligentes, sondern auch weises Verhalten erwartet. *Der alte Fritz* gilt zudem als Garant für Stabilität: „Diese auf Friedrich II., den Großen, bezogene Wendung geht vermutlich auf seinen Vater, Friedrich Wilhelm I. (den sogenannten ‚Soldatenkönig') zurück, der

21. Ebd., S. 19.
22. In: *Hessische/Niedersächsische Allgemeine*, 02.08.07.

für seine große Sparsamkeit bekannt war."[23] Wenn man seinen *Friedrich Wilhelm* unter etwas setzt, unterschreibt man meist ein wichtiges Dokument.

FRIZZ als Name einer Zeitschrift

Deutsche Stadtmagazine haben sich unter dem Namen *FRIZZ* zusammengeschlossen. Die leichte Verfremdung durch das fehlende T und das doppelte ZZ macht aufmerksam. Fritz steht, wie beschrieben, für kommunikativ, informativ und witzig-spritzig. FRIZZ erweist sich also als Erfolgsname. Kein Wunder!

Vom Hans im Glück bis zu den Hänseleien

„Der Hans, der kann's!", spricht der Volksmund. Hans ist begnadet. Der Name ist die Abkürzung von Johannes, wörtlich: *Jahwe hat Gnade erwiesen.* Von Hans wird Geschicklichkeit und Stabilität erwartet. So verwundert es nicht, wie häufig vor allem in vergangenen Generationen der Name vergeben wurde. Besonders in den 50er-Jahren waren Hans und Johannes sehr beliebt. Hier zeigt sich die Macht des Unbewussten. Nach Stabilität sehnten sich die Menschen gerade nach dem Krieg. In Österreich gibt es so viele Menschen namens Hans, dass alljährlich ein „Hansentreffen" veranstaltet wird. Gegenseitiges Vorstellen ist dort nicht notwendig.
Der in der Gnade Gottes stehende Hans kommt häufig auch in Märchen vor, etwa in *Hänsel und Gretel* sowie in *Hans im Glück*. Letzterer ist nicht etwa von schlichtem Gemüt, sondern einfach nur glücklich, denn die Freude über das eingetauschte Gut ist ihm mehr wert als der objektive äußere Wert. „Glück hat auf die Dauer nur der Tüchtige", heißt es außerdem im Volksmund. Tüchtigkeit und Beständigkeit gehören zusammen. Der Name Hans steht für beides. Hans Eichel diente in der Ära Schröder als guter Werbeträger für Beständigkeit. Zum Hans kam noch der Familienname Eichel: Die Eichel als Frucht der Eiche steht ebenfalls für Beständigkeit, siehe den Eichmeister und die deutsche Eiche.
Glück verheißt auch die englische Entsprechung, der Name Jack. Dieser taucht in *Jackpot* auf, den Menschen jedes Wochenende zu knacken versuchen. Beim Poker ist der Jackpot übrigens eine Eröffnungsvariante, *jack = Bube*. Auch in einem anderen Glücksspiel, dem *Black Jack*, taucht der

---

23. Duden, *Redewendungen*, S. 2444.

Glücksträger wieder auf. Doch als *Hans Dampf in allen Gassen* gerät der Namensträger leicht ins Zwielicht. Umgangssprachlich abwertend steht diese Redensart für *überall dabei sein* und *sich auskennen*[24] oder zumindest so tun, als kenne man sich aus. Ohne notwendige Bescheidenheit wird der Namensträger zum *Prahlhans* oder gar zum *Hanswurst. Hänseleien* bleiben ihm dann nicht erspart.

Den Johann machen

Johann ist eine Kurzform von Johannes und heißt *Gottes Gnade.* Die Redensart „für andere den Johann machen" steht ironisierend für *dienen.* Johann ist ohne jegliche Ironie ein beliebter Name für edle Diener von Fürstenhäusern und Adelsfamilien. Neben dem Apostel Johannes ist Johann Wolfgang von Goethe sicher einer der berühmtesten Namensträger.

John und Johnnie Walker

John, eine weitere englische Variante des deutschen Johannes, taucht im Werbenamen *Johnnie Walker* auf. Whisky ist sogenanntes „Lebenswasser", das ebenfalls für Glück steht. Mit dem *Walken* (englisch *to walk = gehen*) wird es allerdings nach dem Genuss von Johnnie Walker problematisch. An wirkliches Lebenswasser erinnert uns der Nachdurst, wenn wir zu viel Johnnie genossen haben.

Den Harry spielen

Der Vorname Harald geht zurück auf althochdeutsch *heri* (*das Heer, der Krieger*) und *waltan* (*walten, herrschen*). Harald zeigt sich beharrlich und harrt aus. Im Negativen krallt er sich fest, wirkt starr und stur oder „spielt den Harry". Das heißt, er macht einen Aufstand, wenn er sich nicht genügend beachtet fühlt, denn ein Held will gesehen werden. Die englische Kurzform Harry soll allerdings in erster Linie auf Heinrich zurückgehen, was *Herrscher in seinem Besitz* bedeutet. Ob Heinrich oder Harald, an der Führungskraft von Harry gibt es nichts zu rütteln!

Harald Schmidt, mit Spitznamen *Dirty Harry*, ist ein deutscher Allein-*Unterhalter*, der es brillant versteht, andere durch den Schmutz zu ziehen, diese *unten* und sich selbst *hoch* zu halten. Stets geht er als Sieger und Held

---

24. Ebd., S. 331.

aus der Sendung hervor – bekanntlich sitzt der Gockel ganz oben auf dem Misthaufen. Dank des Familiennamens Schmidt, eigentlich Schmied, langt er auch heiße Eisen an, packt zuweilen sogar grob und kräftig zu.
Dirty Harry ging durch die ganze Boulevardpresse, was wiederum zeigt, dass ein charakteristisches Merkmal die beste Werbung ist und einen großen Erinnerungswert hat. Ähnlich macht auch Dieter Bohlen immer wieder auf sich aufmerksam. Zuweilen wirkt er richtig sympathisch, bis er wieder seine ungehobelte Seite zum Vorschein bringt, um niederschmetternde Sprüche gegen Kandidaten zu brettern. Es gibt eben gehobelte und ungehobelte Bohlen. Ungehobelte Bohlen scheinen den besseren Werbeeffekt zu besitzen. Verhängte Strafen sind Peanuts.
Aufmüpfig gibt sich auch Prince Harry von England, der ebenfalls gern „den Harry macht" und laut Yellow Press als „Partyprinz" in die Geschichte des englischen Königshauses eingehen wird.

Vom müden zum flotten Heinrich

Der Name Heinrich wurde gern von deutschen und englischen Königshäusern (Henry) verwendet, weil er *geistige Kraft* und *Erhaltung von Besitz* bedeutet. Aber auch der Mächtige muss hin und wieder „den müden Heinrich spielen" und erschöpft daniederliegen. Und dann gibt es noch den *flotten Heinrich* – eine Bezeichnung für Durchfall. Oft kann Macht eben auch Angst – und somit Durchfall – verursachen.[25]
Heinrich hat auch spirituelle Züge. *Freund Hein* steht in einer Redewendung stellvertretend für den Tod: „… wenn dir die Stunde schlägt, wenn dich Freund Hein von hinnen trägt, hoff' ich, er trägt dich weich …"[26] Auch der *heilige Hain*, ein spiritueller Ort, erinnert an Hein.
Als Gegensatz und Ausgleich brauchte es noch den *dummen Heini*, der als Käpt'n Blaubärs Kompagnon *Hein Blöd* berühmt wurde.

Heinrich und die Heinzelmännchen

In der Kurzform wird Heinrich zu Heinz. Der Name drückt Hilfsbereitschaft aus – man denke nur an die *Heinzelmännchen*. „Um die nach dem Volksglauben hilfreichen kleinen Hausgeister wohlgesinnt zu stimmen, gab man ihnen

25. Joachim Schaffer-Suchomel, *Nomen est Omen*, S. 291.
26. Duden, *Redewendungen*, S. 242.

schmeichelnde Kosenamen. Früher nannte man die Hauskobolde auch einfach ‚Heinzel' oder ‚Heinzlein'."[27]
Aber was sagt Heinz dazu? Fühlt er sich als Heinzlein noch wie ein ganzer Mann? Was ist aus Heinrich, dem Herrscher in seinem Besitz, geworden? In Heinz sind beide Bedeutungsvarianten enthalten: die Macht des großen Heinrich und die Hilfsbereitschaft des kleinen Heinz. Auch hier schaffen gegensätzliche Aussagen wieder einen Ausgleich. Wo Heinrich zu herrschsüchtig auftritt, läuft Heinz Gefahr, zum Bückling im Dienste anderer zu mutieren und Männchen zu machen, um geschätzt zu werden. Die Gefahr, als Heinzlein zu gelten, ist groß, dabei weiß Heinz wie auch Heinrich viel, kann viel und ist in der Regel auch noch praktisch veranlagt. Es liegt an Heinz selbst, sich an die Ursprungskraft von Heinrich zu erinnern und sich in seinem Wert zu schätzen. Wenn Heinz sein Geltungsbewusstsein entwickelt hat, dann kostet es Geld, wenn er helfend einspringt. Oder er macht aus seinem Helfertalent sinnigerweise gleich einen Beruf.

Der billige Jakob und Jakob der Lügner
Der *billige Jakob* steht für Händler, die ihre Ware meist marktschreierisch besonders billig anbieten. Jakob ist ein Lebemann, der gern aus dem Vollen schöpft und sich als billiger Jakob schnell seiner Ware entledigt. Er braucht ständig Neues und Umsatzgeschwindigkeit. Die Redewendung „nicht der wahre Jakob sein" meint, dass etwas nicht das Richtige ist, zum Beispiel wenn man sagt: „Zehn Stunden auf dem Bau schuften, das ist auch nicht der wahre Jakob ..."[28]
Der Name Jakob kommt aus dem Hebräischen. Jahwe ist ein Name Gottes, *akeb* heißt die Ferse, *akab* so viel wie *überlisten, betrügen, verdrängen*. Die hebräische Ursprungsbedeutung von Jakob *ja'akub'el* lautet übersetzt *Gott möge beschützen*. Die Bibel erzählt von Jakob, dem Sohn Isaaks, der sich den Segen des erblindeten Vaters und damit das Erstgeburtsrecht zu erschwindeln suchte. Der Name steht deshalb auch für List und Tücke[29]. Im Alten Testament steht geschrieben: „Esau fuhr fort: Ist sein Name nicht Jakob? Hat er mich nicht schon zum zweiten Mal überlistet? Meine Erstgeburt hat er entwendet, und jetzt hat er noch meinen Segen gestohlen." [30]

---

27. Duden, *Das Herkunftswörterbuch*, S. 331.
28. Ebd., S. 387.
29. Joachim Schaffer-Suchomel, *Nomen est Omen*, S. 341.
30. *Bibel*, 1. Buch Mose 25.

Listige Jakobs gibt es zuhauf, etwa in *Jakob, der Lügner* von Jurek Becker. Auch James Bond reiht sich hier ein, denn James ist die englische Form von Jakob. Den listig-schelmischen Jakob finden wir ebenso in dem bekannten französischen Kanon: „Frère Jacques, frère Jacques, dormez-vous? Dormez-vous? Sonnez les matines ...“ Auf Deutsch: „Bruder Jakob, Bruder Jakob, schläfst du noch? Schläfst du noch? Hörst du nicht die Glocken?“ Jakob und sein französischer Vertreter Jacques scheinen Langschläfer und Genießer zu sein.

Dem *Duden* zufolge gibt es noch eine weitere Geschichte über die Herkunft des *wahren Jakob*: So liegt der Apostel Jakobus der Ältere der Legende nach in Santiago de Compostela in Spanien begraben, wurde aber von Pilgern an falscher Stelle gesucht.[31] Der Jakobsweg, der berühmte Pilgerpfad durch Frankreich und Spanien, erlebt übrigens nicht erst seit Hape Kerkeling einen Ansturm von Wanderern wie wohl nie zuvor. Kerkelings Buch *Ich bin dann mal weg* entwickelte sich zum Best- und Longseller. Im Namen Jakob und im Titel dieses Buchs spiegeln sich Freiheit und Lebenslust wider. Wer möchte sich nicht einfach mal so ausklinken und endlich Neues erleben?

Das Begehen des Weges läutert die Menschen und bringt sie sich selbst näher. Insofern ist der Jakobsweg ein Weg zur Wahrheit, auf welchem Jakob der Lügner zum wahren Jakob werden kann, indem er seinen richtigen Weg findet.

Jacobs Kaffee

Jacobs Kaffee vermittelt dieses Flair von Freiheit.

Josef und der Tag der Arbeit

Josef kommt aus dem Hebräischen: *Jo* = *Jehova* und *jasaf* = *hinzufügen, vermehren*. Josef bedeutet *Gott fügt hinzu*. In Österreich spricht der Volksmund: „Zwa Sepp san sechs Leut.“ Im übertragenen Sinn bedeutet das, dass Sepp, der österreichische Josef, für sechs Leute arbeitet. Sepp fügt hinzu und vermehrt, obwohl das eigentlich die Aufgabe Gottes ist. Aber das *Jo*, das für *Jehova* steht, hat Sepp einfach unter den Tisch fallen lassen. Zu dumm, jetzt muss er alles selber tun. Vielleicht wird deshalb im Volksmund aus dem Sepp so schnell ein Depp? Als Depp könnte man auch den *Clown Peppo* bezeich-

31. Vgl. Duden, *Redewendungen*, S. 387.

nen – dessen Name auf eine italienische Koseform von Josef zurückgeht. Unermüdlich bemüht sich Peppo, doch passiert ihm eine Panne nach der anderen.
Nach alter Tradition gilt Joseph, der Ehemann von Maria, als Patron der Arbeiter. Der Gedenktag des Arbeiters am 1. Mai, der als Reaktion auf die soziale Bewegung von Papst Pius XII. als christlicher Gedenktag eingeführt wurde, ist ihm gewidmet.[32]

Kaspar: vom Weisen zum Kasperle

Kaspar kommt von altpersisch *ghaz = der Schatz* und *bar = verwalten, leiten, versorgen.* Kaspar ist *der Schatzmeister* und *Verwalter der Schätze.* Mit Hinblick auf das persische *bar* verfügt er sicher gern über Bares. In Kaspar ist witzigerweise das deutsche Wort *spar* enthalten, was so viel wie *unversehrt erhalten* bedeutet. Auch das ist eine Aufgabe, die einem Schatzmeister obliegt. Bekannt ist der Name durch Caspar, einen der Heiligen Drei Könige, welcher der Legende nach dem Jesuskind einen Schatz überreichte. „Da der Kaspar in den mittelalterlichen Dreikönigsspielen als Mohr auftrat und lustige Einlagen brachte, wurde er allmählich zur lustigen Figur …“[33] Aber warum brachte er lustige Einlagen? Vermutlich wurde er aufgrund seiner Hautfarbe verlacht, denn Fremdes und als bedrohlich Empfundenes wird gern lächerlich gemacht.
Hieraus entwickelten sich der *Hanswurst* des Wiener Volkstheaters sowie der *lustige Kasper* des Kasperletheaters. Als symbolische Waffe hält Kasperle eine Klatsche, auch Pritsche genannt, in der Hand. Damit schlägt er alle Gewalten nieder: Polizisten, Teufel und Krokodile. Er gilt auch als Ventil für die Obrigkeitsverdrossenheit. Aus dem Schlagstock, der im Englischen *slapstick* heißt, entwickelte sich eine Form der Komödie, die ebenfalls so genannt wird.
Als *Klassenkasper* hielt Kasperle Einzug in die Schulen. Im Negativen wird aus dem eigentlich schlauen Kaspar ein Trottel, über den die anderen lachen. „Der Dorf-trottel bricht auf seine Art aus dem Alltags-trott aus und wird von denen, die im Trott bleiben, als Trottel abgestempelt.“ Im Positiven dürfen Kasper, Clown, dummer August oder Hofnarr Dinge tun, die sich andere verbieten. „Sie könnten ein Schlüssel für außer-gewöhnliche Welten und der

32. Vgl. Walter Burkart, *Neues Lexikon der Vornamen*, S. 227.
33. Duden, *Redewendungen*, S. 332.

Spiegel für Möglichkeiten sein, die wir im Alltags-trott scheinbar vergessen haben."[34] Nicht umsonst war der Hofnarr mit Zepter und Schellenkleid ausgerüstet. Das Zepter ist ein Symbol der Macht und das Schellenkleid erfüllt die Funktion, die Aufmerksamkeit auf sich zu ziehen und sich Gehör zu verschaffen. Der Hofnarr fungierte auch als Berater. Es lag an ihm, verhärtete Sichtweisen humorvoll wieder in Fluss zu bringen – eine Gratwanderung, die so manchen Hofnarr den Kopf kostete. Fast schon von makabrem Humor ist die Geschichte des *Suppenkaspars*, die Kinder dazu bringen sollte, schön brav ihre Suppe zu löffeln.
Schließlich wurde das Findelkind Kaspar Hauser, das Anfang des 19. Jahrhunderts im Raum Nürnberg auftauchte, zum Gespött der Menschen. Sie verlachten ihn, weil er ein ursprüngliches und ungeschliffenes Verhalten an den Tag legte, da er ohne Gemeinschaft und Erziehung aufgewachsen war. Kaspar Hauser hatte bei wilden Tieren gehaust und erst bei den Menschen ein Zuhause gefunden. Es wird vermutet, dass er, ein badischer Prinz oder Sohn Napoleons I., ausgesetzt worden war, um die Erb- und Thronfolge nicht zu gefährden.
Im Namen Kaspar wirken zwei Gegensätze: Einerseits steht die Bedeutung Schatz für Wichtiges, das es zu verbergen gilt. Sicherlich ist Kaspar ein eher verschwiegener und vertrauenerweckender Mensch. Andererseits wird Kaspar nicht ernst genommen. In diesem Spannungsfeld finden Kaspars Leben und sein Entwicklungsprozess statt.
Berühmte Namensträger sind Caspar David Friedrich, der deutsche romantische Landschaftsmaler aus dem 18./19. Jahrhundert, sowie der Philosoph Karl Jaspers, dessen Nachname die niederländische beziehungsweise englische Variante von Kaspar ist.

Alles Klärchen?
Dieser Ausspruch geht natürlich auf den Vornamen Klara zurück, der *hell, leuchtend* bedeutet. Klara besitzt eine optimistische Aus*strahl*ung.

Den Larry machen
Larry ist eine Kurzform von Lorenz, die weibliche Variante beider Namen ist Laura. Das lateinische *laurus* heißt *Lorbeer, Lorbeerkranz*. Erhalten Lorenz

34. Joachim Schaffer-Suchomel, *Wir sind Wort. Spuren unseres Menschseins in der Sprache*, S. 17.

und Laura zu wenig Aufmerksamkeit, neigen sie dazu, „den Larry zu machen" oder „den Larry raushängen zu lassen", was *sich aufspielen* oder *sich aufführen* bedeutet. Wenn sie nicht aufgeführt werden im Sinn von *hochgehalten*, führen sie sich selbst auf. Larry und Harry können sich die Hand reichen!
Lorenz und Laura neigen zudem dazu, „einen lauen Lenz zu schieben", im Vertrauen darauf, dass Erfolge vielleicht doch von allein kommen. Lenz, ebenfalls eine Kurzform von Lorenz, geht auf das althochdeutsche *lenzo* zurück und heißt *Frühling*.

Den Leo machen
Der Vorname Leo ist griechischen und lateinischen Ursprungs. Das lateinische *leo* heißt *Löwe*. Von Zeit zu Zeit muss ein Löwe zur Bestätigung seiner Herrschaft brüllen. Der weltliche Medienpapst Leo Kirch ist ein typischer Leo. Er häufte scheinbar grenzenlose Macht an, bis eines Tages andere Löwen ihm sein Reich streitig machten und begannen, es unter sich aufzuteilen. Ein typisches Löwenschicksal!

Die Strickliesel und das Fleißige Lieschen
Lieschen ist eine Koseform von Elisabeth, was *Gott hat es geschworen* sowie *Gott ist Vollkommenheit* bedeutet. Tugenden wie Fleiß und Vollkommenheit treten bei braven Mädchen zutage, die emsig mit der *Strickliesel* hantieren – einem hölzernen Strickwerkzeug, das sich heute noch in Waldorfkreisen großer Beliebtheit erfreut. Die Strickliesel verlangt den Kindern Geduld und Fingerfertigkeit ab – Fähigkeiten wie sie einer Elisabeth entsprechen.
Fleißiges Lieschen hingegen ist der Name einer immergrünen, mehrjährigen krautigen Pflanze aus den Tropen Ostafrikas. Fleißig ist dieses Lieschen, weil es fleißig blüht. Zudem existiert das *Blaue Lieschen*, eine anspruchslose Topfpflanze mit blauen (oder weißen) Blüten. Fleiß und Anspruchslosigkeit gehören zusammen. Es gab aber auch *Fleißiges Lieschen* als Tarnname für ein deutsches Geschütz[35], das fleißig alles Leben niedermachte, was sich ihm in den Weg stellte. Hier wurde der Name als Markenname für ein deutsches Kriegsprodukt missbraucht.

---

35. Vgl. www.wikipedia.de, Fleißiges Lieschen

Den Louis machen

Fühlen sich Ludwig, Louis und auch Luise (althochdeutsch *hlut* = *laut* und *berühmt*) nicht beachtet, „machen sie den Louis", das heißt, sie proben einen Aufstand, sodass man sie nicht wieder vergessen wird.

Der zweite Teil von Ludwig *wig* bedeutet im Althochdeutschen *Ringen*, *Kampf* und *Krieg* – der Aufstand, den Louis zuweilen initiiert, ist davon nicht weit entfernt. Lude, eine Kurzform des Vornamens Ludwig, bezeichnet zudem einen Zuhälter, was sich dem *Duden Herkunftswörterbuch* zufolge auf die gleichnamigen französischen Könige im 17. und 18. Jahrhundert bezieht, die wegen ihrer zahlreichen Mätressen bekannt waren.[36] Deutsche und französische Könige mit Namen Ludwig und Louis waren auch für ihre Verschwendungssucht und den Bau von Lustschlössern berühmt-berüchtigt.

Volle Lotte

Lotte ist die Kurzform von Charlotte oder Caroline, die beide auf den männlichen Vornamen Karl zurückgehen. Dieser ist ein ganzer Kerl, er will alles oder nichts. *Volle Lotte* steht wie *volle Kanne*, *volle Pulle*, *volles Rohr* oder auch *volle Wäsche* für „ohne Einschränkung, mit voller Kraft, Geschwindigkeit, Leistung o. Ä.".[37] Auch die Redensarten „wie Lottchen laufen" und „wie Lottchen abgehen" spiegeln die Kraft der vollen Lotte wider.

Das Gegenteil der vollen Lotte ist *lottrig*, eine Qualität, die Lieselotte und Charlotte sicherlich ebenfalls kennen. Das althochdeutsche *lotar* heißt *locker*, *schlaff*; *leer*, *leichtsinnig*, *leichtfertig*; da sch*lottern* Lotte fast schon die Knie. *Lottrig* und *verlottern* werden heute abwertend für *liederlich* und *schlampig* gebraucht. Das Lottrige kommt wieder in Ordnung, wenn Lotte die Dinge erneut ins *Lot* bringt.

Ab geht die Luzie

Luzie ist ein Kosename von Lucia, der weiblichen Form von Lucius, was *leuchtend* bedeutet. Luzie erinnert natürlich schnell an Luzifer, der über große Kräfte verfügt. Kraft und Energie kommen auch in der Redewendung „Ab geht die Luzie" zum Ausdruck.

---

36. Duden, *Das Herkunftswörterbuch*, S. 495.
37. Duden, *Redewendungen*, S. 825.

Den großen Max spielen

Das lateinische Wort *maximus* heißt *sehr groß* respektive *der Größte.* Klein sein und nicht gesehen zu werden ist deshalb auch das Schlimmste, was Max, Maxim und Maximilian(e) passieren kann. Max, vor allem Mäxchen, wird schnell ungeduldig und „markiert gern auch mal den wilden Max“. Überspitzt ist der Charakter des Namensträgers in Wilhelm Buschs *Max und Moritz* dargestellt. Zahlreiche bedeutende Persönlichkeiten trugen den Namen, etwa Max Beckmann, Max Ernst, Max Frisch, Max Horkheimer, Max Liebermann, Max Planck, Max Weber und viele mehr.

Frech wie Oskar

Oskar ist immer für Überraschungen gut – und, laut Volksmund, „frech wie Oskar“. Äußerst sprachgewandt vermag etwa Oskar Lafontaine seine Spitzen mit spitzer Zunge zu verteilen, um zu signalisieren, dass er die wahre Spitze ist. Oskar bedeutet *der Ase, die Gottheit mit dem Speer.* Oskar, sich als Gottheit verstehend, machte deshalb auch die Teamarbeit im Kabinett von Kanzler Gerhard Schröder unmöglich, da es bei den Christen eben nur einen Gott geben kann. Er schied aus, bevor Gerhard, von althochdeutsch *ger = Speer*, diesen einsetzen musste.

Oskar will aber nicht nur gut, sondern ausgezeichnet sein, sprich, einen *Oscar* bekommen. Dieser ist als Auszeichnung für außergewöhnliche Leistungen in der Filmbranche bekannt.

Der flotte Otto und Otto Normalverbraucher

Das althochdeutsche *ot* heißt übersetzt *Besitz, Reichtum* und *Erbe.* Sowohl vorwärts als auch rückwärts gesprochen – diesen Namen können wir drehen, wie wir wollen – Otto bleibt Otto. Im Positiven steht die Unveränderbarkeit für Beständigkeit, im Negativen wirkt Otto absolut konservativ und wird zum *Otto Normalverbraucher* – ein Durchschnittskonsument, der leicht einzuordnen ist. „Diese Bezeichnung wurde durch die gleichnamige Hauptfigur des Films ‚Berliner Ballade‘ aus dem Jahre 1948 bekannt und gebräuchlich.“[38]

Einer der größten Geschäftemacher mit der breiten Masse im deutschen Wirtschaftswunder der Nachkriegszeit trägt interessanterweise denselben

38. Ebd., S. 562.

Namen: das Hamburger *Versandhaus Otto*. Neben der lustigen Bezeichnung für Durchfall (*flotter Otto*) gibt es viele positive Verknüpfungen mit dem Namen. Otto ist lebenslustig und kommunikativ, das verdankt er besonders dem Vokal O, der vorn und hinten stehend sozusagen den Rahmen bildet. Das O steht für Gefühl und Leidenschaft (siehe Seite 120).
Otto frönt auch gern dem Glücksspiel und spielt sicher gern Lotto und Toto. *Lotto* geht auf das Wort *Los* zurück und Otto möchte gern, dass „viel los ist". Der Begriff *Toto* wurzelt im Wort *total*, was *ganz und gar*, *vollständig* bedeutet. So ein O ist eine runde Sache und der Komiker namens Otto unterhält gern ganze Runden. Zudem symbolisiert das O Kreativität. Aus dem Kreis des O, das Vollkommenheit verkörpert, lassen sich endlos Ideen schöpfen.

Petrus, der Fels, und der Schwarze Peter

Peter, griechisch *pétros*, bedeutet *Felsblock*. Peter und Petra wirft so schnell nichts um! Die Festigkeit von Peter und Petra kann negativ interpretiert auch *starr* bedeuten. Als *Wackelpeter* bezeichnen wir einen Wackelpudding, dieser wackelt zwar ganz schön, aber behält letztlich doch seine Form.
Peter und Petra sind Einzelgänger, führen gern und neigen dazu, möglichst alles allein zu machen. Treiben sie das Spiel zu weit, sind sie bedroht, für alles Mögliche und Unmögliche verantwortlich gemacht zu werden. Schnell wird ihnen dann der *Schwarze Peter* zugeschoben. So heißt auch ein beliebtes Kartenspiel, bei welchem der Verlierer mit schwarzer Asche gezeichnet wird. Im realen Leben bedeutet die Redensart „etwas Unangenehmes von sich auf einen anderen abwälzen"[39]. Für was Peter alles verantwortlich gemacht wird, zeigen uns die folgenden Redensarten.

Petrus meint es gut

Petrus ist der christlichen Überlieferung zufolge der Türsteher an der Himmelspforte, der nach Matthäus (16, 19) die Schlüssel des Himmels erhalten hat. Deshalb meinen wir mit „bei Petrus anklopfen" umgangssprachlich, dass jemand stirbt.[40] Für das Wetter wird Petrus ebenfalls verantwortlich gemacht. Im späten Mittelalter wurden aus den Schlüsseln die Schleusen des Himmels. „Petrus meint es gut" steht für schönes Wetter – er

39. Ebd., S. 691.
40. Ebd., S. 571.

ist also auch ein Stimmungsmacher. Petrus, Peter und Petra besitzen außerdem Führungsqualitäten, sie haben Einfluss auf die Schleusen der Macht und bringen Dinge in Fluss.

Peter Stuyvesant

Der Name Peter taucht im Werbenamen *Peter Stuyvesant* auf. Peter steht grundsätzlich für Stabilität und Männlichkeit. Jugendliche beginnen nicht selten mit dem Rauchen, weil sie männlich beziehungsweise erwachsen wirken möchten. Die Zigarettenwerbung arbeitet oft mit Motiven der Freiheit und des Abenteuers. Peter Stuyvesant ist unweigerlich mit New York verbunden – mit dieser Stadt assoziieren wir dank Freiheitsstatue das Tor zur Freiheit und die USA selbst ist uns ohnehin als „Land der unbegrenzten Möglichkeiten" bekannt.

Der Zappelphilipp

Der Name Philipp ist zusammengesetzt aus den altgriechischen Wörtern *phílos* (*Freund*) und *híppos* (*Pferd*). Spätestens seit der Geschichte vom *Zappelphilipp*, die im *Struwwelpeter* von Heinrich Hoffmann geschrieben steht, wissen wir, dass Philipp ein unruhiger, hippeliger Geist ist. Auch in Pferden stecken wilde Kräfte, die es zu zügeln gilt. Ab und an gehen die Pferde mit Philipp durch und lassen ihn richtig flippig sein oder sogar ausflippen. Gemäß dem englischen Idiom „Hold your horses" wird Philipp lernen müssen, „seine Pferde in Zaum zu halten".
Ob der Zug von einer Philip Morris den Zappelphilipp ruhiger macht, müsste erst noch bewiesen werden. Mit einem Pferdefreund assoziieren wir allerdings unbändige Kraft und Abenteuer. Mit diesem Flair arbeitet die Zigarettenindustrie, obwohl oder weil Rauchen letztlich in Sucht und Abhängigkeit endet. Der Mensch mag nicht nur das Spiel mit Gegensätzen, sondern fällt auch gern darauf herein.
Die Elektroartikel der Firma Philips haben mit dem zappeligen Pferdefreund allerdings nichts zu tun.

Alles Roger!

Roger ist die englische Form von Rüdiger, was *ruhmvoller Speerkrieger* bedeutet. Während Rüdiger optimalerweise sehr aktiv ist und als Pionier nach vorn dringt, glaubt Roger zuweilen, dass bereits „Alles Roger!" ist, um sich bequem im Sessel zurücklehnen zu können. Im englischen Funkverkehr steht „Roger!“ für „Verstanden!“.

Der ungläubige Thomas

Thomas kommt vom aramäischen *teoma* und heißt *Zwilling*. Der Jünger Thomas wollte erst die Wundmale Christi berühren, bevor er an dessen Auferstehung glauben konnte, sodass er als *ungläubiger Thomas* bis heute im Gedächtnis der Menschen verhaftet ist. Deshalb wird er gern auch „volksetymologisch [...] mit griechisch *thoma* und *thauma* [...], *Verwunderung, Wunder, Staunen*, in Verbindung gebracht.“[41]

Die etymologische Bedeutung Zwilling und die christliche Geschichte vom ungläubigen Thomas stehen in einem Kontext. Zwillinge sind immer zwei und die Zahl *Zwei* ist auch im Wort *Zweifel* enthalten. Vom Zweifel ist Thomas befallen, ständig fragt er: „Ist das richtig oder falsch, mache ich besser das oder etwas ganz anderes?“ Immer meldet sich der Zweifler und Grübler in ihm zu Wort.[42]

Thomas, der Zweifler, trainiert sich aber auch darin, die Dinge von zwei Seiten zu betrachten und die „Wahrheit“ zu ergründen. Er erweist sich als guter Ratgeber für andere Menschen: Er weiß, wo es langgeht. In der englischen Kurzform Tom wirkt Thomas nicht mehr zweiflerisch, sondern entschlossen: kurz und bündig.

TomTom

Als wäre ein Tom nicht schon genug: *TomTom* ist ein genialer Name für ein Navigationssystem. T steht für Trennung und Neuanfang (siehe Seite 127). Mit einem TomTom lassen wir den alten Ort, von dem wir starten, hinter uns und begeben uns sicher auf einen neuen Weg. TomTom ist ein guter Ratgeber auf Reisen.

Hau den Lukas! Namen als Bezeichnung für Gegenstände

Vornamen werden zuweilen auf Gegenstände übertragen, was nochmals unterstreicht, dass die Essenzen dieser Namen auch bei Werbe- und Produktnamen eingesetzt werden können. Wir bedienen uns in diesem Fall der

---

41. Dietmar Urmes, *Etymologisches Namenlexikon – das Herkunftswörterbuch*, S. 721.
42. Joachim Schaffer-Suchomel, *Nomen est Omen*, S. 572.

bereits im Namen vorhandenen Bilder. Diese sind wie Redensarten im kollektiven Bewusstsein verankert und werden von Menschen automatisch, wenn auch meist unbewusst, als Alleinstellungsmerkmal erkannt. Unser Verhalten richtet sich nach diesen Merkmalen.
Es gibt auch Merkmale, die ein Vorurteil zu einem Kollektivum werden lassen. Falsch interpretiert in unser kollektives Bewusstsein eingegangen ist wie bereits erwähnt das Zitat „Name ist Schall und Rauch“. Nicht nur, dass hiermit die Auseinandersetzung mit der Persönlichkeit und der Bestimmung eines Menschen ausgebremst wird, auch volkswirtschaftlich begeben wir uns in eine nachteilige Position. In Asien wird der Zusammenhang von Name und Persönlichkeit nicht in die Esoterik verbannt, in diesen Ländern wird Philosophie noch groß geschrieben. Über einen deutschen Phaeton können Asiaten nur schmunzeln. Wir begeben uns freiwillig in einen Werbenachteil, wenn wir die Bedeutung von Namen leichtfertig abtun.

Hau den Lukas!

Der *Lukas* ist ein Kraftprotzgerät von Schaustellern beispielsweise auf der Kirmes. Halbstarke oder ganze Männer können damit ihre Kraft beweisen. Mit voller Kraft hauen sie auf den Lukas, wodurch ein Gewicht nach oben saust. Schlägt es an der Spitze an, ertönt eine schrille Glocke, um dem Sieger die nötige Aufmerksamkeit zu zollen.
Der Vorname Lukas soll vom altgriechischen *leukós* kommen, was *hell* und *weiß* bedeutet. Das lateinische *lux* heißt *Licht*, was im übertragenen Sinn nicht meint, dass das Kraftprotzgerät anzeigt, wer besonders helle im Kopf ist! *Lux* ist auch eine Zigarettenmarke; die Lunge der Lux-Raucher spricht aber sicher eine andere Sprache. Als Markenname für eine Seife eignet sich *Lux* allerdings sehr gut – sie wäscht hell und rein.

Der Dietrich

Mit einem *Dietrich* können wir verschlossene Räume öffnen. Auch Marlene Dietrich hat unter anderem mit ihrem Lied *Lili Marleen* einen Raum für Frieden unter verfeindeten Völkern geschaffen. Der Vorname Dietrich setzt sich im Althochdeutschen aus *diot = Volk* und *mari = berühmt* zusammen. Dietrich heißt also *berühmt im Volk*. Träger dieses Namens öffnen Räume für sich und das Volk. Marlene Dietrich hat ihrem Namen volle Ehre gemacht.

Dietrich eignet sich auf jeden Fall als Unternehmensname für einen Schlüsseldienst sowie für alle Bereiche, wo es ums Öffnen – in materieller und in geistiger Hinsicht – geht.

BOB, der knallgelbe Schlüsselanhänger

Aus der Kampagne „Fahren ohne Alkohol" ging der knallgelbe Schlüsselanhänger *BOB* hervor, der bis in die Niederlande bekannt ist. Legt jemand diesen auf die Theke, gibt er dem Wirt damit ein Zeichen, ihm keinen Alkohol mehr auszuschenken, damit er „lieb wie ein Bob ist" und seine „Trinkkumpane" sicher nach Hause kutschieren kann. Mit einem B vorn und hinten klingt der Name weich und lieb.

Im Englischen steht *bobo* für *Wehwehchen.* Der englische Vorname Bob ist „eigentlich eine Lallform aus der Kindersprache"[43] und geht auf den deutschen Namen Robert zurück, von althochdeutsch *hruod = der Ruhm* und *beraht = strahlend, glänzend.* Bob ist das Gegenstück zu Robert, der glänzen und vielleicht prahlen will, und zu Rupert, der sogar mit dem Wort *Rüpel* in Verbindung steht. Robert und Rupert bekommen keinen gelben Schlüsselanhänger.

Bob taucht auch im englischen *Bobby* auf – eine liebevolle Bezeichnung für einen englischen Polizisten. Da hat es der deutsche „Bulle" sichtlich schwerer, als helfender Polizist anerkannt zu werden. Einem Bullen sprechen wir Sensibilität ab. An diesem Beispiel sehen wir, wie wichtig es ist, die Kraft positiv besetzter Begriffe zu nutzen. Ein deutscher Bobby hätte einen leichteren Berufsalltag.

Billy Boy

Bill ist die englische Kurzform von Wilhelm, aus althochdeutsch *willio* gebildet. Willio klingt wie *will ja* und heißt *Wille, Verlangen* und auch *freie Entscheidung.* Wilhelm ist freiheitsliebend. Andererseits haben wir in Wilhelm den *helm,* der für *Helm, Schutz* und auch *Deckung* steht. Aus diesen Bedeutungen können wir schließen, dass Wilhelm kein Draufgänger ist, sondern trotz des starken Willens und Verlangens gern wohlüberlegt handelt.

Ohne Wille und Verlangen ist *Billy Boy* überflüssig und mit Helm fühlt sich vor allem Billy, der kleine Wilhelm, sicherer als ohne. Billy Boy kämpft gegen

43. Duden, *Redewendungen,* S. 63.

Aids und andere Geschlechtskrankheiten, so wie sich Bill im Western für Gerechtigkeit stark macht. Das englische *bill* heißt unter anderem *Gesetzesentwurf* und *Rechnung*. Bill begleicht alle Rechnungen.

Namen in Literatur und Medien: Mogli mogelt sich durch den Urwald

Stimmen Persönlichkeitstypen und verwendete Namen in Literatur und Film inhaltlich überein, so werden Synergieeffekte erzeugt. Menschen werden eingeladen, in die Bilder einzutauchen. Dissonanzen lenken uns ab, weil unsere Aufmerksamkeit dann in zwei Richtungen gelenkt wird. Wenn etwa die Magersüchtige in einem Film Molly heißt, kann das verwirrend sein – es kann aber auch neugierig machen. Ähnlich wie Dissonanzen in der Musik können solche Gegensätze, wenn sie bewusst gewählt werden, Spannung erzeugen, das sollte dann allerdings zur Handlung passen.

Schriftsteller und Regisseure können sich auf die Vorahnung ihrer Zuhörer, Zuschauer oder Leser verlassen. Nicht gewollte Dissonanzen mögen dazu führen, dass der Reiz nachlässt, ein Buch weiterzulesen oder einen Film zu Ende zu sehen. Die meisten Menschen fühlen sich von zu vielen Dissonanzen im Alltag aus der Bahn geworfen, da sie diese meist nicht in ihr Leben integrieren können, weil ihnen die große Sicht auf die Dinge und auf den Gesamtverlauf ihres Lebens fehlt. Mit dem passenden Namen für die passende Rolle kommt eine Handlung erst richtig ins Rollen, und nicht selten werden diese Namen auch unbewusst richtig gewählt.

Genauso wichtig ist es, dass Titel und Inhalt eines Films zueinander passen. Im Film *Martha* ist das der Fall. Der Name kommt aus dem Aramäischen und heißt *Herrin*, eine Namensessenz, die in genialer Weise von Martina Gedeck in der Hauptrolle verkörpert wird. In München wurde ich vor einiger Zeit von der *Abendzeitung* zu meinem Buch *Nomen est Omen* interviewt. Während ich im Gespräch mit der Journalistin vertieft war, tauchte plötzlich die Fotografin der Zeitung auf, um Bilder zu schießen. Sie fand das Thema so spannend, dass sie gar nicht merkte, wie sie ihre Kollegin dominierte, indem sie mich nach der Bedeutung der Namen ihrer gesamten Verwandtschaft befragte. Als ich ihren Namen wissen wollte, antwortete sie selbstbewusst: „Ich bin die Martha!"

Mogli

Das Menschenkind in Rudyard Kiplings *Dschungelbuch* gehört nicht in den Dschungel, eben weil es ein Mensch ist. Deshalb passt der Name Mogli vorzüglich. Mogli mogelt sich durch eine Welt, die nicht die seine ist.

Reineke Fuchs

Reineke ist eine niederdeutsche Form von Reinhard. Der Vorname ist gebildet aus dem althochdeutschen *ragin = der Rat, der Beschluss* und *harti = hart, stark*. Der Fuchs steht archetypisch für Schläue. Das passt zu Reinhard, dem kühnen (starken) Ratgeber. Reineke Fuchs überlistet in der gleichnamigen Tierfabel selbst den König der Tiere, den Löwen. Die ursprünglich niederländische Fassung des politisch-satirischen Tierepos *Reynke de Vos* aus dem Jahre 1498 war die Vorlage für Goethes Fassung dieser Fabel im Jahre 1793.[44]

Robinson Crusoe

Er ist der Titelheld des Abenteuerromans von Daniel Defoe. Der Stoff vom einsamen Schiffbrüchigen wird in der Weltliteratur auch als *Robinsonade* bezeichnete. Robin ist die englische Koseform von Robert. Der Name kommt aus dem Althochdeutschen: *hruod = der Ruhm* und *beraht = strahlend, glänzend.*

Der Familienname Crusoe ähnelt dem englischen *cru-sade*, das im historischen Kontext *Kreuzzug* bedeutet; *crusader* ist der *Kreuzritter* und *Kämpfer*. Einem Crusoe gruselt es vor nichts. Auch im Nachnamen ist die Abenteuerlust von Robinson also zu spüren. Das englische *to rob*, das im Vornamen *Rob*inson auftaucht, bedeutet *überfallen, berauben* und passt gut zu einem Kreuzritter, der sich von einem Raubritter nicht groß unterscheidet.

Romeo und Julia

Romeo und Julia sind Charaktere aus dem gleichnamigen Drama von William Shakespeare. Romeo ist eine Form des Namens Roman, der von lateinisch *romanus* kommt und *der in Rom Wohnende* heißt. Roman besteht aus den deutschen Worten *roh* und *Mann*. Er ist *der rohe Mann*, der in Shakespeares Drama Julia wild und leidenschaftlich gegen den Willen beider

---

44. Vgl. Der Knaur, *Universallexikon*, Band 11, 1991, S. 19.

Familienclans erobert. Die Römer waren bekanntlich etwas roh in ihren Sitten, was uns zum Beispiel die Comics von Asterix und Obelix immer wieder vor Augen führen. Sprechen wir die Endung von Roman lang aus, so meinen wir eine literarische Gattung, den Roman. Dieser bezeichnete seit dem 14./15. Jahrhundert speziell die abenteuerlichen Ritterdichtungen des Mittelalters.[45] Hier haben wir wieder das Raubeinige, Rohe, aber auch Abenteuerliche.
Das Leidenschaftliche im Namen Romeo kommt auch in dem Vokal O zum Ausdruck, der dem Bauch zugeordnet ist und für Gefühl und Leidenschaft steht (siehe Seite 120). Außerdem ist Romeo natürlicherweise *romantisch* veranlagt. Letztlich ist *Romeo und Julia* eine dramatisch endende Romanze.
Julia kommt von lateinisch *iovilius*, was *dem Jupiter geweiht* bedeutet. Der Planet Jupiter steht in der Astrologie für Expansion, Verständnis, Würde, Optimismus und Glück. In Shakespeares Drama scheint das Schicksal von Julia allerdings unter einem schlechten Stern zu stehen – zumindest in Kombination mit Romeo. Dennoch kreist das ganze Drama um das Thema Glück, das wiederum eine starke Resonanz in den Wortbestandteilen von Julia hat. Das *Ju* ist wie „Juchhu!“ ein Ausdruck von Heiterkeit, das *ia* am Ende von Julia steht für eine optimistische Grundhaltung und das L in der Mitte des Namens symbolisiert Leben, Liebe, Lust und Leichtigkeit (siehe Seite 117).

Der Struwwelpeter
So lautet der Titel des erfolgreichsten Kinderbuchs aus dem 19. Jahrhundert. Autor ist der Frankfurter Arzt Dr. Heinrich Hoffmann. Die zutreffenden Namen, die dieser seinen Protagonisten gab und mit denen er ihre jeweilige Persönlichkeit noch unterstrich, haben wohl mitunter zum Erfolg des Buchs beigetragen. *Struwwelpeter* ist widerspenstig, ein Verweigerer. Denn Peter *steht wie ein Fels*, was da auch komme, er will sich nicht ändern, selbst wenn alle sich gegen ihn stellen sollten: „Pfui, ruft da ein jeder: Garst'ger Struwwelpeter!“[46]
In der Geschichte von *Hans-guck-in-die-Luft* wird der *glückliche Hans*[47] zum Träumer und Fantasten, der schließlich den Boden unter den Füßen verliert

45. Vgl. Duden, *Das Herkunftswörterbuch*, S. 680.
46. Vgl. Ausführungen zum Namen Peter, S. 58.
47. Vgl. Ausführungen zum Namen Hans und Johannes, S. 48.

und ins Wasser fällt. Der *Zappelphilipp*, der unruhig auf seinem Stuhl hin und her kippelt, verliert schließlich das Gleichgewicht, hält sich an der Tischdecke fest und räumt damit den gedeckten Tisch ab[48] – nicht zu verwechseln mit dem gegenteiligen Geschehen im Märchen *Tischleindeckdich*.
Der böse Friedrich wird zum argen Wüterich. Da die Stärken und Schwächen unserer Persönlichkeit miteinander ringen, kann es auch passieren, dass wir in einer Phase unseres Lebens genau das Gegenteil von unserem eigentlichen Wesen zeigen, um letztlich aus diesem Wirrwarr wieder in die eigene Mitte zurückzukehren.[49] Nicht nur Friedrich, auch Elfriede kann sich zunächst als unfriedlich, kratzbürstig und streitsüchtig gebärden.

Till Eulenspiegel

Der Vorname Till ist eine „Koseform von Namen, die mit *Diet* gebildet sind, besonders von Dietrich … Eine berühmte Gestalt der Volksdichtung ist der norddeutsche Schalk Till Eulenspiegel, der im 14. Jh. gelebt haben soll und dessen Streiche in einem Volksbuch des 15. Jh.s gesammelt sind."[50] Till Eulenspiegel verspottet Bürger und Obrigkeit, indem er alle Aufträge wörtlich nimmt. Er wurde „zum Kritiker der Zeitzustände gemacht"[51] und avancierte zu einer beliebten Figur in der Dichtkunst. *Diet* geht auf das althochdeutsche *thiot* = *Volk* zurück.
Der weise Till *Eulen*spiegel erzählt Geschichten aus dem Leben des Volkes. Die Eule steht für Weisheit und Klugheit. Sie lebt in der Nacht, verkörpert die dunklen Kräfte und symbolisiert Wachsamkeit. In der N*acht* gib *acht*! Das niederdeutsche *ulen* bedeutet *fegen* und *reinigen*. Weisheit und Reinheit gehören zusammen. Till Eulen*spiegel* hält den Menschen den Spiegel vor Augen.

Winnetou

Das althochdeutsche *wini* heißt *Freund*, so wie der Vorname Erwin *der Freund des Heeres* bedeutet. Das englische *to win* lautet übersetzt *gewinnen*. Wir können Freunde gewinnen. Und bei Erfolg haben wir einen *Wini* mehr. „Zufällig" hat Karl May seine Fantasiefigur *Winnetou* genannt, weil dieser Old

48. Vgl. Ausführungen zum Namen Philipp, S. 59.
49. Vgl. Ausführungen zum Namen Friedrich, S. 47.
50. Duden, *Lexikon der Vornamen*, S. 288.
51. *Der Neue Herder*, Band 1, 1949, S. 1011.

Shatterhand als Freund *(ge)winne(n) tu(t)*. Winnetou ist der Held, der trotz ständiger Gefahr aus den Kämpfen gemeinsam mit seinem Freund immer wieder als Sieger hervorgeht. Hier hat sich der Schriftsteller, der im eigenen Leben häufig ohne Erfolg blieb, in eine Siegerfigur hineingeschrieben.

Auch in Radio- und Fernsehsendungen sollten Name und Inhalt auf der Bedeutungsebene übereinstimmen, das erhöht die Einschaltquoten:

Marie aus Paris

Auf Radio FFH gibt es den Gag mit *Marie aus Paris*. Sie legt Hörer mit ihrer frechen Art herein. Vor Kurzem wollte sie von einer Pizzeria Essen nach Hawaii geliefert bekommen. Der Lieferant fragte tatsächlich nach der Straße, bis er endlich merkte, dass er verulkt wurde.

Marie ist im Unterschied zu einer Maria, die *Tiefe* und *Schwere* verkörpert, eher forsch und frech. Für Maria existieren zwei etymologische Deutungen. Das hebräische *mirjam* bedeutet *Bitterkeit* und *Verbitterung*. *Mar* ist mit *Meer* gleichzusetzen, das salzig-bitter schmeckt. Archetypisch steht es für den Ursprung allen Lebens und für Tiefe, weshalb Maria in der Mythologie auch als Göttin aller Göttinnen gilt und eben die Mutter Gottes ist. Im Gegensatz dazu steht das hebräische *mry*, was *Geliebte* bedeutet. Salz und Süße sind polare Ergänzungsgegensätze, die zusammengenommen die eigentliche Größe von Maria ausmachen.

Marie aus Paris hat für sich die süße Variante gewählt. Auch Paris symbolisiert als Hauptstadt der Verliebten die Süße des Lebens. Als umgangssprachliche Verballhornung der Kurzform *Präser* von *Präservativ* prägte sich in den 60er- und 70er-Jahren durchweg die Bezeichnung *Pariser* ein. Ein Wunder, dass sich die Einwohner von Paris nicht gegen die Reduktion auf ein Kondom auflehnten. Jedenfalls war es eine geniale Namensschöpfung.

In der griechischen Mythologie verleiht Paris, Sohn des trojanischen Königs Priamus, Aphrodite den Schönheitspreis, entführt die schöne Helena und entfacht damit den Trojanischen Krieg. Wieder geht es um Schönheit, wie in der Modestadt Paris, die als modisch-frech gilt. Der Name der französischen Hauptstadt ist zwar nicht auf den Königssohn zurückzuführen,[52] aber entsprechende Assoziationen werden dennoch geweckt.

52. Vgl. Dietmar Urmes, *Handbuch der geographischen Namen*, S. 133.

Matze macht's

Ein anderer Radiosender wartet mit der Figur Matze auf. Matze muss jedes Mätzchen mitmachen, beispielsweise sich nackt ausziehen, einölen und in Haaren wälzen. Weigert er sich, gibt's Geld für den Hörer.

Matze ist eine Verkleinerungsform von Matthias, abgeleitet von hebräisch *mattath = Geschenk, Gabe* und *jahwe = Name Gottes*. Das heißt, Matthias ist von Gott reichlich mit Gaben ausgestattet. Oft erkennt er das nicht, motzt herum und „macht seine Mätzchen", um Anerkennung zu bekommen. Der Name Matze im Radio stimmt inhaltlich mit seiner Rolle überein und findet gute Resonanz bei den Hörern.

Der kleine Nils im Radio

Er verulkt mit der Stimme eines kleinen Jungen die Hörer, indem er beispielsweise bei den Stadtwerken anruft und sagt, dass er mit Freunden auf dem 5-Meter-Turm stehe, weil er gewettet habe, dass er da runter springe. Leider sei kein Wasser im Becken. Die in Angst versetzte Hörerin versuchte ihn in diesem Fall davon abzuhalten, während der kleine Nils immer wieder sagte: „Ich hab's aber versprochen, und meine Eltern haben gesagt, was man verspricht, muss man auch halten."

Nils ist eine Kurzform von Nikolaus und geht zurück auf das altgriechische *nike*, was *Sieg* bedeutet, sowie auf *laos*, was Volk heißt. Nikolaus bedeutet *Sieg des Volkes* oder auch *Sieger über das Volk*. Fünf Päpste und viele weltliche Herrscher hießen so. Es ist ein großer Name, dessen Kraft in der Verniedlichung Nils klein gehalten wird.

Den kleinen Nils kennen wir schon aus der skandinavischen Geschichte *Nils Holgerson*. Er ist so winzig, dass er mit den Gänsen fliegen kann. Doch der Kleine ist mutig wie ein Großer und vollbringt große Taten. Nils steht archetypisch für klein und passt somit sehr gut zu der Rolle des kleinen Nils im Radio.

Die Essenz von Künstlernamen

Cassius Clay/Muhammad Ali

Der altrömische Geschlechtername kommt nach Walter Burkart aus dem Lateinischen von *cassus = hohl, arm, beraubt, vergeblich*.[53] Zudem ist in

53. Walter Burkart, *Neues Lexikon der Vornamen*, S. 83.

Cassius das lateinische *casus = Fall, Sturz, Untergang* enthalten. Der mehrfache Boxweltmeister Cassius Clay hat sich zum mehrfachen Millionär hochgeboxt, blieb unbesiegt und brachte viele Gegner zu Fall. Dann befiel ihn die Parkinson'sche Krankheit. Seit seinem Übertritt zum Islam nennt er sich Muhammad Ali. Eine blendende Idee, meint dieser Name nämlich genau das Gegenteil von *arm* und *Untergang*: Der arabische Name Mohammed bedeutet *gepriesen* und Ali heißt *hoch, erhaben*.

Romy Schneider

Ihre authentische Art zu schauspielern machte sie weltberühmt und wie Prinzessin Diana oder Marilyn Monroe zu einem Mythos. Obwohl ihr Tod bereits ein Vierteljahrhundert zurückliegt, sind ihre Persönlichkeit und ihr künstlerisches Schaffen immer noch für viele Menschen von großem Interesse. Ihr Leben schwankte zwischen zwei Polen: Glanz und Gloria standen einer Schicksalhaftigkeit, Dramatik und Tragik gegenüber. Ihr privates Leben und ihre Persönlichkeit blieben im Schatten ihrer Berufung zur Schauspielerin und ihres öffentlichen Glanzes. Viermal war sie unglücklich verheiratet, und als ihr Sohn David 1980 durch einen tragischen Unfall ums Leben kam, starb sie letztlich an gebrochenem Herzen.

Romy Schneider hieß ursprünglich Rosemarie Magdalena Albach-Retty, nach ihrem Vater Wolf Albach-Retty. Den Familiennamen Schneider übernahm sie von ihrer Mutter Magdalena Schneider. Romy, eine Koseform der zwei Namen Rosa und Maria (Mary), ist „eigentlich (eine) Lallform aus der Kindersprache“[54] und für die Identitätsbildung eines Erwachsenen wenig förderlich. Der Name spiegelt vor allem eine kindlich-romantische Vorstellung vom Leben und der Welt wider – ein Flair, das Romy Schneider auch mit ihren Filmen erzeugte. In der Rolle der Sissi scheint das Grundthema ihres Namens wieder auf, denn auch Sissi ist eine Koseform, nämlich von Elisabeth, und entstammt ebenfalls der Kindersprache.[55] Zu einer wirklichen Auseinandersetzung mit Leben, Trennung und Tod kam die Schauspielerin nicht. Dabei sind Rosa und Maria sehr große weibliche Namen, die durchaus ihrem öffentlichen Glanz hätten entsprechen können, wenn sich Romy Schneider der Auseinandersetzung mit ihrem Leben gestellt hätte.

---

54. Duden, *Lexikon der Vornamen*, S. 258.
55. Ebd., S. 275.

Rosa kommt von lateinisch *rosa = die Rose.* Die rote Rose symbolisiert Liebe, Herz sowie das Blut, das in unseren Adern fließt und das wie die Liebe alles in Fluss bringt. Die rote Rose duftet süß wie die Liebe; Rot steht zudem für Leidenschaft. Die weiße Rose bedeutet Reinheit und die Kraft, die Spreu vom Weizen zu trennen. Kraft besaß auch die *Weiße Rose,* eine Widerstandsbewegung im Dritten Reich. Leidenschaftlich ist die wilde Rose. Die sozialistische Politikerin Rosa Luxemburg verkörperte die Reinheit des Bewusstseins und die Leidenschaft im politischen Handeln. Rosa ist – genauso wie Maria – ein kraftvoller und großer spiritueller Name, eine Qualität, welche Romy Schneider allerdings nicht gelebt hat.

Woody Allen

Der amerikanische Komiker Woody Allen bezeichnete in diversen Interviews das Leben als Jammertal. Polar entgegengesetzt zu seinem Humor ist er durch und durch depressiv gestimmt und dem Leben gegenüber pessimistisch eingestellt. Einen Großteil seiner Depressionen hätte sich Woody Allen sicherlich ersparen können, wäre er bei seinem Ursprungsnamen Allen Stewart Konigsberg geblieben. Wieso dieser Künstlername? Wollte er zum Superstar, zum *Holly-Woody* werden? Zumindest das O in Woody steht für Gefühl, Leidenschaft und Kreativität (siehe Seite 120) und mithilfe letzterer vermag der Künstler endlos Ideen zu produzieren.

Doch auch das depressive Moment ist in seinem Namen enthalten. Woody leitet sich aus dem amerikanischen Familiennamen Woodrow ab, was im Grunde genommen *der in einer Häuserreihe im Wald Wohnende* bedeutet. Die eigentliche Kraft bezieht der Name allerdings nicht aus dem Reihenhausflair, ein Gedanke, der allein schon eng und depressiv machen kann, sondern aus *wood*, dem *Wald.* Dieser steht archetypisch für Tiefe und Spiritualität. Das Y am Ende von Woody zieht den Namensträger noch ein Stück tiefer. Es bedeutet in der Runendeutung *Tod* und *Wiedergeburt.* Ebenso tiefe Resonanzen können wir im Zauber des ähnlich klingenden afrikanischen *Voodoo,* gesprochen *Wudu,* erkennen. Das Anfangs-W von Woody ist im Englischen ein *double-u,* also ein doppeltes U. Das doppelte O von Woody wird ebenfalls als U gesprochen. Der Buchstabe U symbolisiert Tiefe und weibliche Spiritualität (siehe Seite 128). Dunkelheit kann in depressive Stimmungen führen, wenn sie nicht im Positiven gelebt wird, indem sich Menschen mit spirituellen Themen wie Tod und Wiedergeburt auseinandersetzen.

Der Name Allen macht es dem Komiker nicht leichter. Allen kommt aus dem Keltischen von *al* und bedeutet *Fels*. Einen Felsen zu verändern – oder einen negativ eingestellten Allen wieder positiv zu stimmen –, scheint nahezu unmöglich. Nahezu! Nach der Trennung von seiner Lebensgefährtin heiratete Woody Allen nämlich seine Ziehtochter Soon-Yi Previn. Ziehvater und Ehemann, eine komische Doppelrolle, wie sie einem Komiker gebührt. Seither scheint sich sein Blick auf sein Leben zu erhellen. Zuweilen bezeichnet er sich jetzt sogar als glücklich. Beide Vornamen harmonieren aber auch zu schön: Das doppelte O, das in beiden Vornamen als U gesprochen wird, und das gemeinsame Y führen zu einem Gleichklang. Eine derartig starke Resonanz hatte ihm seine ehemalige Lebensgefährtin Mia Farrow mit ihrem Namen nicht zu bieten.

Der Gleichklang von Namen

Die Tonleiter der Vokale (siehe Seite 134) ermöglicht eine grafische Darstellung der Selbstlaute eines Namens, sie unterscheidet zwischen dunklen, heller werdenden und hellen Tönen. Dunkle Vokale (O, U) werden beim Sprechen in der hinteren Mundhöhle gebildet; sie drücken eher Klage, Sehnsucht und Trauer aus. Mit dem Vokal A öffnen wir uns, indem wir den Mund weit aufmachen. Analog beginnt das Alphabet mit dem A. Helle Vokale (E, I) stehen für Freude und Leichtigkeit – sie werden in der vorderen Mundhöhle gebildet. Die Interpretation der Vokale spielt zum Beispiel in der Lyrik eine entscheidende Rolle.
Anhand der Tonleiter der Vokale, wie sie im Folgenden dargestellt ist, sehen wir, welche Vokale mit welchen Qualitäten den Ton in einem Namen angeben. In der Gegenüberstellung können wir erkennen, wie gut die beiden Namen in Resonanz sind. Im von mir entwickelten Resonanzmodell, das ich Ihnen ebenfalls gleich vorstellen werde, wird die Resonanz von Vokalen und Konsonanten erkennbar. Andere Resonanzen, beispielsweise aufgrund einer ähnlichen Grundbedeutung der Wörter, bleiben in diesen Modellen allerdings unberücksichtigt.

Tonleiter der Vokale: Woody Allen (phonetisch: Wudi Allen)

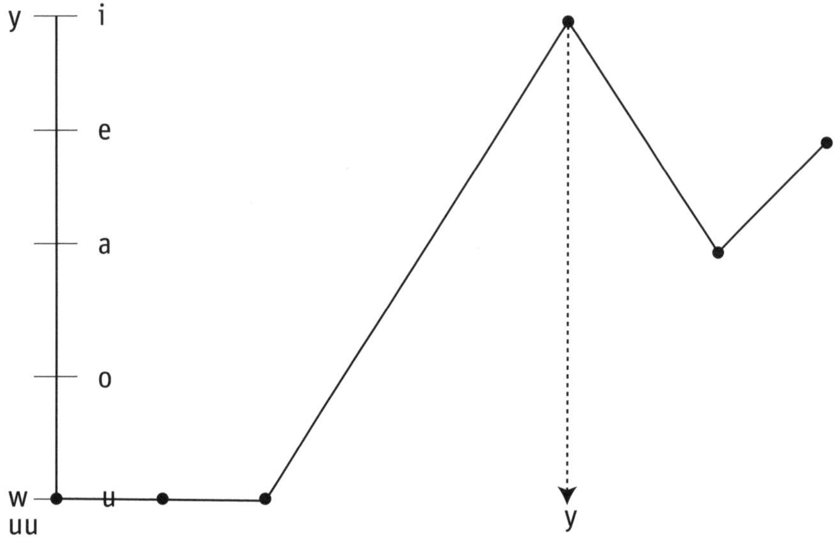

Die Tonleiter der Vokale macht sichtbar, dass Woody Allen dank seines Vornamens ganz viel im unteren, dunklen Bereich der Vokale zu tun hat. Den höchsten Punkt markiert das Y, das als I gesprochen wird.

Tonleiter der Vokale: Woody Allen und Soon-Yi (phonetisch: Suun-Ji)

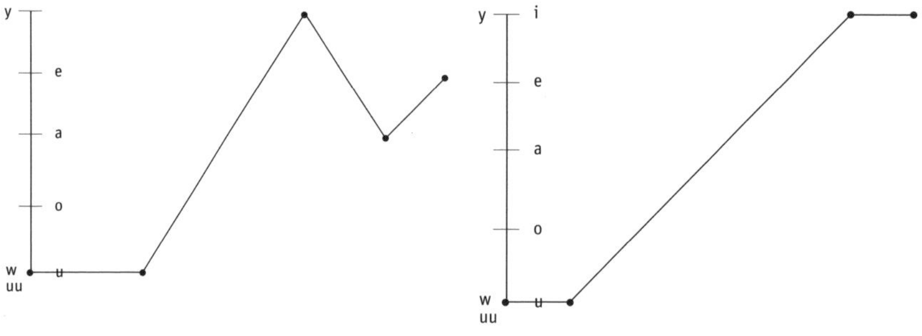

Resonanzvokale: Woody (beginnend mit einem double-u) und Soon-Yi

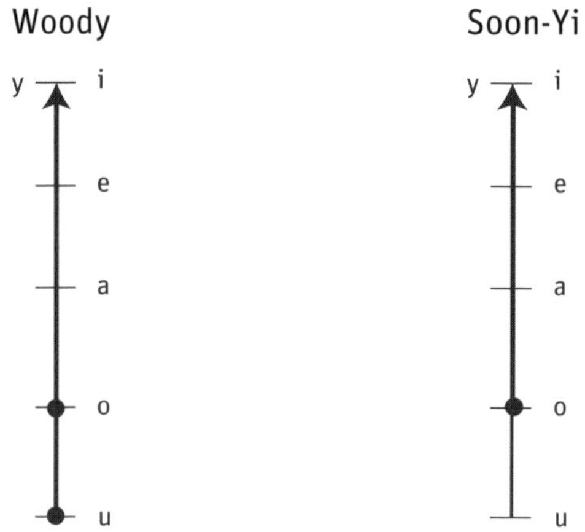

Resonanzbogen: Woody Allen und Soon-Yi

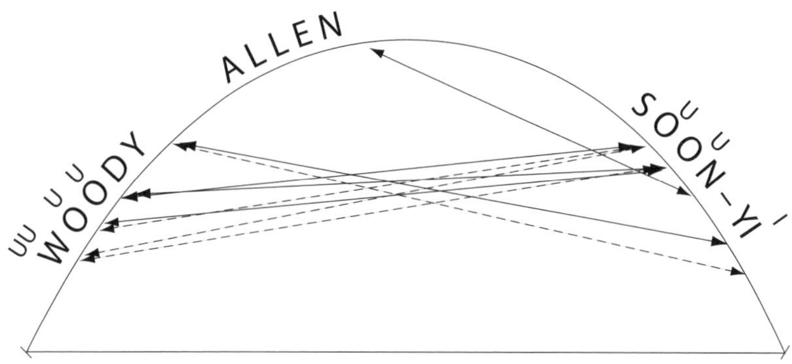

Je mehr Buchstaben im Resonanzbogen miteinander verbunden sind, je mehr Pfeile also eingezeichnet werden können, desto stärker ist die Resonanz zwischen zwei Namen.

Tonleiter der Vokale: John Lennon und Yoko Ono

John Lennon ist der Name eines großen Künstlers, aber kein Künstlername. In Verbindung mit dem Namen Yoko Ono vermittelt sich ein neues Flair, in dem sich der Erfolg ihrer Beziehung und künstlerischen Karrieren widerspiegelt.

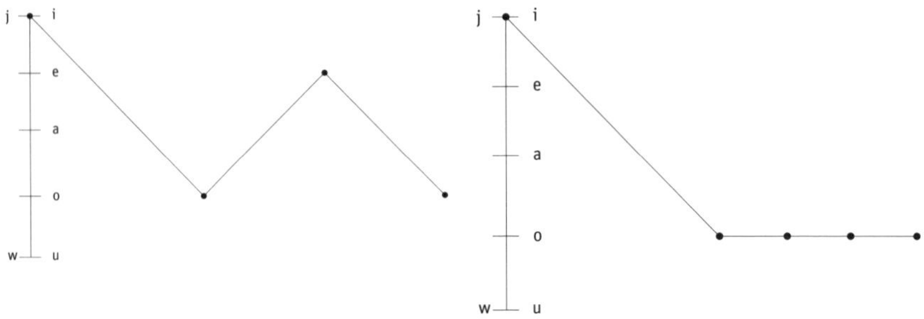

Resonanzbogen: John Lennon und Yoko Ono

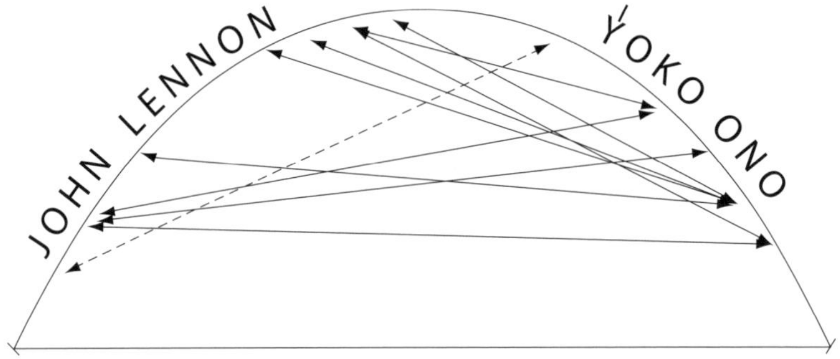

Die starke Resonanz zwischen diesen Namen kann nur noch von folgendem Paar übertroffen werden:

Resonanzbogen: Walter Giller und Nadja Tiller

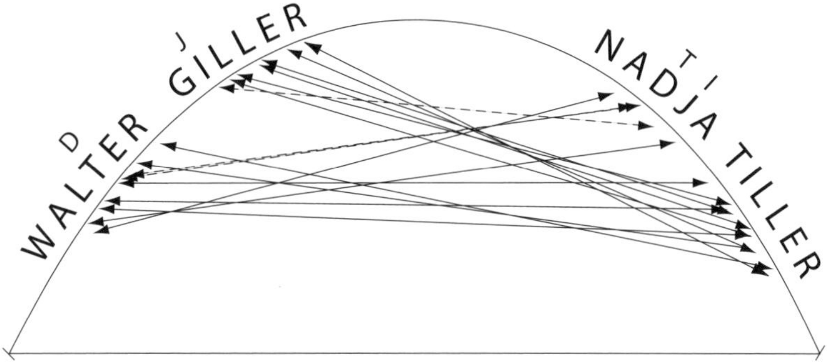

Bei Walter Giller und seiner Frau Nadja Tiller handelt es sich nicht um Künstlernamen. Dennoch kann man an dieser Kombination sehen, wie gut manche Namen harmonieren.

Namen weltlicher Führer und Geistlicher

Unterschiedliche Namen rufen unterschiedliche Welten wach. Geistliche Würdenträger bedürfen anderer Qualitäten als weltliche Führer, Herrscher, Kaiser, Königinnen und Könige, die besonders der Materie, der Erhaltung und Vermehrung des Reichtums eines Reichs, verpflichtet sind: Was wäre ein weltlicher Gebieter ohne Gebiet? Geistliche Würdenträger sollten sich zuweilen an die weisen Worte der Bibel erinnern, dass ihr wirkliches Reich und der damit verbundene Reichtum nicht von dieser Welt sind, sondern im Himmelreich auf sie warten. Die Geschichte des Christentums weiß allerdings viel von der Ungeduld Geistlicher zu berichten, die nicht auf ihre Entlohnung im Himmelreich warten wollten, sondern nach irdischem Besitz strebten. Stets bleiben die Grenzen zwischen geistlicher und weltlicher Macht fließend. Das drückt sich beispielsweise im immerhin 13-mal vergebenen Papstnamen Leo aus. Leo bedeutet im Lateinischen *der Löwe* und dieser steht unter anderem archetypisch für Besitz, auf welchem auch oder besonders Päpste gern sitzen bleiben.

Die zehn häufigsten Papstnamen

Rang 1 (23-mal)	Johannes	die Gnade Gottes
Rang 2 (16-mal)	Benedikt	der Gesegnete
Rang 3 (16-mal)	Gregor	der Wachsame
Rang 4 (14-mal)	Clemens	der Milde, der Gnädige
Rang 5 (13-mal)	Leo	der Löwe
Rang 6 (13-mal)	Innozenz	der Unschuldige
Rang 7 (12-mal)	Pius	der Fromme
Rang 8 (9-mal)	Bonifatius	der Gutes Verkündende
Rang 9 (9-mal)	Stephan	der Gekrönte
Rang 10 (8-mal)	Alexander	der (fremde) Männer abwehrende, der Schützer

Bis auf den bereits beschriebenen Leo, der wie ein Löwe sein Revier, beispielsweise den Vatikan, zu verteidigen weiß, und bis auf Alexander, der Bedrohendes abwehrt, geht es bei den Vornamen der Päpste vorwiegend um das Einsetzen und Verwirklichen geistiger Qualitäten: begnadet und gnädig sein, segnen, wachsam, mild, unschuldig, fromm, gut und gekrönt sein.

Die zehn häufigsten Namen deutscher Kaiser und Könige

Rang 1 (10-mal)	Heinrich	Herrscher seines Hains
Rang 2 (7-mal)	Karl	der Mann im Sinn von: Er steht seinen Mann.
Rang 3 (4-mal)	Ludwig	laut rufend, berühmt im Kampf
Rang 4 (4-mal)	Otto	Besitz
Rang 5 (4-mal)	Ferdinand	Friede und Kühnheit
Rang 6 (3-mal)	Konrad	der kühne Rat
Rang 7 (3-mal)	Rudolf	Ruhm und Wolf
Rang 8 (3-mal)	Friedrich	Friede und Herrschaft
Rang 9 (2-mal)	Wilhelm	Wille und Helm (steht für Beschützer)
Rang 10 (2-mal)	Franz	frank und frei

Am Beispiel deutscher Kaiser und Könige können wir erkennen, dass durch die bevorzugten Namen Kräfte zur Durchsetzung weltlicher Dinge gefördert werden sollten. Kaiser und Könige sollten herrschen, besitzen, männlich, kühn, ruhmvoll, freiheitsliebend und kämpfend wie ein Wolf sowie schützend und beratend sein beziehungsweise ihren Willen für die Erhaltung des Besitzes und den Bestand des Reiches sowie für den Schutz der Untertanen einsetzen.

Die Namen der Bundeskanzler/in

Am Beispiel der sieben Bundeskanzler sowie der jetzigen Bundeskanzlerin der Bundesrepublik Deutschland werde ich im Folgenden die Namenskunde noch ein wenig vertiefen, indem ich Ihnen Bedeutung und Qualitätsmerkmale der Vor- und Nachnamen erläutere. Ich möchte Ihnen auf diese Weise ein allgemeines Gespür für Namen sowie für Ihren eigenen vermitteln. Sollten Sie sich dafür entscheiden, Ihren Namen auf Ihre Firma oder ein Produkt zu übertragen, dann ist es wichtig, auch die Bedeutungen zu kennen, die darin mitschwingen.

Konrad Adenauer (1949–1963)

Konrad: der kühne Rat

Adenauer: aus Adenau stammend; *Ade, Aden* = *Adel* und *edel*; *Aue* = *Flusslandschaft*, Weite, Fruchtbarkeit

Konrad Adenauer, der weise und kühne Ratgeber mit Weitsicht, der die Basis für das deutsche Wirtschaftswachstum mit edlem Ansehen schaffte.

Ludwig Erhard (1963-1966)

Ludwig: laut rufend, berühmt im Kampf

Erhard: Ehre, Ansehen; hart, stark

Ludwig Erhard, der laut Rufende und Starke im Kampf, war angesehener Kämpfer für eine Wirtschafts- und Sozialethik sowie Wegbereiter.

Kurt Georg Kiesinger (1966–1969)

Kurt (von Konrad): der kühne Rat

Georg: der Landmann, der den Weg zum Helden geht (vgl. Georg, der Drachentöter)

Kiesinger: von mittelhochdeutsch *kiesen* = *prüfen*

Kurt Georg Kiesinger als kühner Ratgeber, der es verstand, wichtige Entscheidungen umsichtig abzuwägen (zu prüfen).

Willy Brandt (1969–1974)
Willy von Wilhelm: Wille und Helm (steht für Beschützer)
Brand(t): aus dem Althochdeutschen, *brand = Kampf, Schwert*
Willy Brandt war der Vorkämpfer der Wiedervereinigung sowie Kämpfer für eine soziale Gerechtigkeit. Der Name ist übrigens ein Deckname, den sich der spätere Kanzler 1934 im norwegischen Exil nach seiner Auflehnung gegen das Hitler-Regime zulegte. Sein Geburtsname ist Herbert Ernst Karl Frahm.

Helmut Schmidt (1974–1982)
Helmut: Helm (steht für Beschützer) und Mut
Schmidt: abgeleitet von der Schmiedekunst
Helmut Schmidt besitzt den Mut eines Kämpfers und Beschützers sowie Macht (als Waffenschmied) und eine feine Gesinnung (als Goldschmied).

Helmut Kohl (1982–1998)
Helmut: Helm (steht für Beschützer) und Mut
Kohl: die Frucht des Kohlbauern, wird unter anderem zu Sauerkraut verarbeitet
Helmut Kohl hat sich als Kanzler lange gehalten (wie Sauerkraut). Über ihn wurden besonders viele Witze gemacht und seine Kopfform beflügelte die Fantasien so mancher Karikaturisten. Nichtsdestotrotz: Helmut ist mutig, besonders wenn er einen Helm trägt und sich geschützt fühlt!

Gerhard Schröder (1998–2005)
Gerhard: der mit dem harten Speer
Schröder: Der in Deutschland sehr geläufige Nachname geht auf *schneiden* und den Beruf des Schneiders zurück, aber auch auf den Bier- und Weinschröder, welcher diese Ware transportiert, was vielleicht die polternde Art Gerhard Schröders erklärt und entschuldigt. Der *harte Speer* im Vornamen macht ihn nicht weicher. *Speer* bedeutet auch *sperren.* Am liebsten hätte er Angela Merkel den Weg zur Bundeskanzlerin versperrt. Ein Speer wird in der Regel nach außen gerichtet, zielt er nach innen, sprechen wir von Harakiri – diesen zu zücken, würde nun überhaupt nicht zum Exbundeskanzler passen.

Gerhard Schröder ist in besonderem Maße extrovertiert. Die Presse beschreibt sein Verhalten als „sich in Szene setzend, übertreibend, lärmende Kumpelhaftigkeit“[56].

Angela Merkel (1998 bis heute)
Angela: von altgriechisch *angelos = Engel* oder *Bote* (*bieten = wissen lassen, befehlen*)
Merkel: geht zurück auf den Vornamen Markward, von althochdeutsch *marcha = Grenze, Wart (Hüter, Schützer)*
Angela Merkel ist eine Frau, die man sich *merkt*! Sie ist ein *merk*-würdiger Engel – würdig und markant genug, um Bundeskanzlerin zu sein. Vor- und Familienname haben mit Halt und Schutz zu tun. In der christlichen Mystik existieren Bilder von Engeln als *Angelpunkte* der Erde, sie halten unsere Welt in der Waage und fungieren als Wächter einer den Menschen übergeordneten Ebene. Engel sind die Mittler zwischen Gott und den Menschen. Sie schützen vor Gefahren und *angeln* sich Menschen, wenn diese vom Weg abzukommen drohen. Auch Angela Merkel versteht es vorzüglich, Beziehungsnetze zu knüpfen und funktionstüchtig zu halten. Presseberichten zufolge ist sie ständig mit dem Empfangen und Senden von SMS beschäftigt, um auf dem Laufenden zu sein, um Machenschaften und Intrigen sofort aufzuspüren und entgegenzutreten sowie die errungene Macht zu halten und auszubauen.

Ihr Name als Unternehmens- oder Produktname. Darauf sollten Sie achten!

Wir gehen nun im Detail der Frage nach, in welchem Fall der eigene Name als Unternehmens- oder Produktname sinnvoll ist oder wann eher davon abzuraten ist. Einige Beispiele sollen dies im Folgenden verdeutlichen.

Schaffer-Suchomel – Doppelnamen können verkomplizieren
Ich selbst habe die Erfahrung gemacht, dass ein Doppelname in der Regel die Wiedererkennung verkompliziert und werbetechnisch somit ungünstig ist. Unser Geist ist geneigt, eine Entscheidung herbeizuführen: *Schaffer* oder

---

56. In: *Hessische/Niedersächsische Allgemeine*, 19.09.2007.

Suchomel. So wird mir häufig die Frage gestellt: „Darf ich Schaffer oder Suchomel zu Ihnen sagen?" Hinzu kommt, dass der Name Schaffer den Menschen nicht geläufig ist und ich als Schatter oder Schaller im Gedächtnis hängen bleibe.
Nicht besser ergeht es mir mit dem zweiten Familiennamen, Suchomel. Dieser führt, während der Hörer noch mit Schaffer, Schatter oder Schaller beschäftigt ist, zur kompletten Verunsicherung. In einer Fernsehsendung nannte mich ein Moderator Herr Schaller-Sukramol. Von Such-Ommel bis Sackomehl bin ich alles gewöhnt. So habe ich mich entschieden, beginnend mit diesem Buch, fürderhin unter dem Namen Joachim Schaffer zu veröffentlichen.

Eine erfolgreiche Hochzeit: Mercedes heiratet Benz

Mercedes und *Benz* passen hingegen gut zueinander und haben sich als Doppelname ins Gedächtnis eingeprägt. Diese beiden Namen reizen nicht mehr zu Fantasiespielen, wir hören stets unmissverständlich *Mercedes Benz.* Beide Namen harmonieren miteinander. Prüfen auch Sie, ob beide Namen zueinander passen, wenn Sie sich für einen Doppelnamen entscheiden sollten. Das Resonanzmodell kann Ihnen hierbei helfen (siehe Seite 71).
Abgesehen davon ist Benz ein passender Name für einen Autofabrikanten – bei diesem Wort riechen wir förmlich schon das Benzol und ein Auto fährt in der Regel mit Benzin. Dennoch geht der Familienname auf Berthold zurück, von althochdeutsch *beraht* = *glänzend* und *hold* = *waltan* für *walten, herrschen.* Mit einem Auto verbinden wir Status, Macht, und glänzen soll es sowieso.
Der Name Mercedes ist ebenfalls positiv besetzt. Er steht mit dem Namen Maria in Verbindung und geht auf das spanische Marienfest zurück: „Nuestra Señora de las Mercedes" heißt: „Maria von der Gnade der Gefangenenerlösung".[57] Sehr schön, denn mit dem Auto verbinden wir Freiheit.

DaimlerChrysler

Daimler und *Chrysler* haben sich getrennt, obwohl doch der Klang beider Namen gut zusammenpasste. Beide Firmennamen enden mit der Silbe *ler.*
Bei Unternehmenshochzeiten halten Ehen heutzutage auch nicht mehr so lange wie früher. Sie überleben oft ebenfalls nicht das verflixte siebte Jahr;

---

57. Walter Burkart, *Neues Lexikon der Vornamen*, S. 293.

nicht selten erreichen sie es nicht einmal. Der Grund mag wohl sein, dass es sich um Vernunftehen aus finanziellen Gründen handelt und nicht aus unternehmerischer Vision heraus fusioniert wird. Spätestens, wenn es einem der Partner nicht mehr so gut geht, läuft er Gefahr, verstoßen zu werden. Wir können gespannt sein, wie lange Commerz- und Dresdner Bank zusammen sein werden. Die Flitterwochen waren mit der Finanzkrise beendet und zwischenzeitlich sind beide finanziell angeschlagen.

Ein Familienname, der hervorragend zum Produkt passt: Porsche

Ferdinand Porsche ist der Gründer des gleichnamigen Automobilkonzerns. *Porsche* geht auf die Familiennamen Borsche sowie Borschel zurück, welche im slawischen Vornamen Borislav/Borislaw wurzeln.[58] Das urslawische *borti* bedeutet *kämpfen*, *slava* heißt übersetzt *Ruhm*, *Ehre*. Diese Kräfte spiegeln sich beispielsweise in der Biografie von Boris Jelzin und in der Erfolgsgeschichte von Boris Becker wider – sie betonen das Maskuline. Auch ein Porsche hat vor allem männliche Attribute. Der Anfangsbuchstabe P symbolisiert zudem Potenz und Pferdestärken (siehe Seite 121). Negative Assoziationen könnten Protz und Prahlerei sein.

Der Vorname Ferdinand passt zum Familiennamen Porsche. Er kommt ursprünglich aus dem Germanischen: *frith = Schutz vor Waffengewalt, Friede* und *nanth = Kühnheit*. All das steht für Männlichkeit und Erfolg, Qualitäten, die per se mit dem Automobil in Verbindung stehen. Porsche ist ein Erfolgsname für eine Erfolgsmarke.

Namensspötteleien und negative Assoziationen

In einem Dorf im Kreis Eschwege hängt an einem verlassenen Geschäft ein verblichenes Reklameschild: *Metzgerei Opfer*. Jeder Mensch hat sofort die Bilderfolge im Kopf, dass ein Metzger töten muss und es dabei Opfer gibt. Opfer ist allerdings nicht der Metzger, eigentlich müsste also *Metzgerei Täter* auf dem Schild stehen. Das Geschäft scheint seit Langem geschlossen und ohne Nachfolger – weil vielleicht keiner das nächste Opfer sein wollte? Einer Insolvenz zum Opfer gefallen? Ist das Dorf zu klein für eine eigene Metzgerei? Oder gibt es dort zu viele Vegetarier? In einem größerem Dorf in der Nähe scheint sich der Hauptbetrieb wirtschaftlicher Blüte zu erfreuen.

---

58. Hans Bahlow, *Deutsches Namenlexikon*, S. 70, 390.

Wir sehen schon, bestimmte Namen reizen zu Hänseleien. Auf der anderen Seite prägen sich solche Namen gut ins Gedächtnis ein. Auch durchlaufen Menschen, deren Namen negative Assoziationen auslösen, oft ein Lebenstraining, aus dem sie gestärkt hervorgehen. So wird Vicky, deren Name eine Kurzform von Viktoria ist, die *Fickie*-Phase hänselnder Kinder überstehen, bis sie endlich erkennt, dass Viktoria und Viktor zum Sieg bestimmt sind. Viktor wird es mit *Ficktor* nicht besser ergehen. Und auch prominenten Persönlichkeiten bleibt nichts erspart. Jürgen Trittin etwa avancierte in der Zeit der Einführung des Dosenpfands zum Prügelknaben seiner Partei. Schnell wurde aus Trittin die Aufforderung „Tritt ihn!". Doch Herr Trittin wirkt nicht niedergeschlagen, im Gegenteil, er *tritt* selbstbewusst in der Öffentlichkeit auf.

Als das Kunstwerk des chinesischen Künstlers Ai Wei Wei auf der Kasseler documenta 2007 nach einem Sturm zusammenkrachte, wandelte sich sein Name in den wehklagenden Ausruf „Oh wei, oh wei!". Und der viel gescholtene Leiter der documenta, Roger M. Buergel, musste die Schlagzeile „Pruegel für Buergel" über sich ergehen lassen, was zeigt, dass Anagramme in Namen durchaus wahrgenommen werden. Über Christoph Daum stand in der Zeitung „Aus der Daum", als sein Traum, Bundestrainer der deutschen Nationalmannschaft zu werden, nach einem Drogenskandal zerplatzte.

Auch Initialen bleiben nicht verschont: Während *AEG* den genialen Werbeslogan „Aus Erfahrung gut" prägte, muss sich *FIAT* die Spöttelei „Fehler in allen Teilen" anhören.

Ich freue mich immer wieder, wie selbstbewusst sich der Moderator Felix Möse im Radio mit seinem Namen meldet. Und wie oft er diesen Namen – fast nach jeder Werbepause – erwähnt, ohne sich um die Assoziationen seiner Hörer zu kümmern. Da kommt ein großes Stück Freiheit rüber. Felix heißt *der Glückliche*. Jedenfalls bleibt Felix Möse besser im Gedächtnis der Hörer haften als der „Stolpername" Schaffer-Suchomel.

Zurück zur Metzgerei Opfer. Der Erfolg einer Dorfmetzgerei hängt sicherlich vom Vertrauen in die Produkte und einem guten Service ab. Dennoch taugt der Familienname Opfer grundsätzlich nicht zum Erfolg versprechenden Unternehmensnamen. Negativ besetzte Namen brauchen in der Regel etwas länger, bis sie positiv aufgeladen und Störfaktoren außer Kraft gesetzt sind. Dabei gilt es zu bedenken, dass wir bei unserer Schnelllebigkeit meist nicht so viel Zeit haben. Das erschwert auch die Erfolgschancen von Initialen, die nicht unbedingt selbsterklärend sind, sondern deren Bedeutung sich erst im kollektiven Gedächtnis einprägen muss. Auch bei positiv besetzten Namen muss man Acht geben, dass kein Anlass dazu gegeben wird, diese in Zukunft negativ aufzuladen. Wenn Siemens beispielsweise nicht aufpasst, wird es vielleicht irgendwann als Synonym für „Schmiergeld" verwendet.

Eine differenzierte Betrachtung der negativen und der positiven Kräfte eines Namens im Kontext Erfolg ist sehr wichtig. Die *Großmetzgerei Vinzenz Murr* in München ist beispielsweise durchaus erfolgreich, obwohl Murr ursprünglich *der Mürrische* bedeutet.[59] Den Service dieser Firma konnte ich bisher nicht unter die Lupe nehmen, würde ein Herr Murr allerdings heute ein neues Großgeschäft eröffnen wollen, würde ich ihm dazu raten, sich mit einem anderen Namen einen leichteren wirtschaftlichen Einstieg zu ermöglichen. Vinzenz Murr ist dennoch erfolgreich, bedeutet sein Vorname ja auch *siegend* – abgeleitet von lateinisch *vincens*. Der Ansporn, siegreich hervorzugehen, war sicher groß.

Impulse für die Praxis

Ist Ihr Name passend?

Wollen Sie Ihren Unternehmensnamen aus Ihrem Vor- und/oder Familiennamen bilden, gilt es, folgende Regeln zu beachten:

1. **Stimmt die Herkunftsbedeutung mit dem Inhalt der Firma/des Produkts überein?**

Entscheidend ist, dass die Essenzen von Name und Firma beziehungsweise Produkt miteinander übereinstimmen. Genau das ist der Bundesregierung mit *Riester, Rürup* und *Hartz IV* nicht wirklich gelungen. Oder doch, weil *riestern* soviel wie *flickschustern* bedeutet und weil *Har(t)z* tatsächlich klebt ...? Ähnlich würde sich der Name *Metzger* nicht für eine Privatklinik für Chirurgie eignen.

Gräber heißt ein Bestattungsinstitut in Kassel. Das ist unmissverständlich. Wir können vermuten, dass das Unternehmen bereits seit Generationen von einer Familie namens Gräber geführt wird und das schafft Vertrauen. Der Name *Fröhlich* eignet sich nicht für Geschäfte, die mit dem Tod in Zusammenhang stehen, weil in unserer Kultur kein Freudentanz aufgeführt wird, wenn es einer geschafft hat, hinüberzugehen. Für ein Reiseunternehmen würde sich dieser Familienname hingegen hundertprozentig eignen. Reisen macht fröhlich!

---

59. Vgl. Hans Bahlow, *Deutsches Namenlexikon*, S. 350.

Im nordhessischen Sontra gibt es eine Zahnarztpraxis mit Namen *Mittenentzwei*. Dieser Name verunsichert, wird es den meisten Menschen in der Regel eh schon mulmig, wenn sie an den Gang zum Zahnarzt denken. Genial wäre eine Holzfirma mit diesem Namen, ich würde mein Holz sofort von ihr spalten lassen.

Natürlich kann auch ein Unternehmensname mit negativen Bedeutungen oder Assoziationen mittel- und langfristig Vertrauen aufbauen. Bringt allerdings ein Firmen- oder Produktname positive Assoziationen schon per se mit, kann das im Voraus einen Vertrauensvorschuss bedeuten. Wirbt die Pharmaindustrie mit der Pille *Jasmin*, riechen wir förmlich den frischen Duft des blühenden Jasminbaums, auf den auch der ebenfalls sehr beliebte Vorname zurückgeht.

2. Ist Ihr Name einprägsam?

Entscheidend ist, dass der Name sich schnell bei Ihren Kunden einprägt, ohne dass diese erst noch ein Gedächtnistraining absolvieren müssen. Schaffer hat beispielsweise einen höheren Erinnerungswert als Schaffer-Suchomel. Auch der Name *Krupp* ist eingängig und bleibt fest im Gedächtnis verankert. Zudem ist er noch aus der Zeit des Dritten Reichs energetisch aufgeladen. Den Slogan „Hart wie Krupp-Stahl" vergessen wir so schnell nicht wieder. Der Name passt zum Produkt der Firma: Das slawisch-tschechische *krupy* heißt *grob, ungeschlacht*.[60] Auch Stahl ist grob und hart.

3. Achten Sie auf den Wohlklang Ihres Namens, besonders in der Schönheitsbranche

In der Stahl- oder Baubranche – ich kenne beispielsweise ein Abrissunternehmen namens *Abhau* – kommt es nicht so sehr auf den Wohlklang eines Namens an. Wichtig wird dies, wenn es beispielsweise um Schönheit und Attraktivität geht, wie etwa bei einem Parfum. *Bruno Banani* hat diesen Wohlklang. Auch Suchomel ist wohlklingend, während Schaffer-Suchomel Dissonanzen aufweist. Dissonanzen sind nicht unbedingt schlecht. Gerade die Moderne in der Musik spielt damit. Doch erfolgreich im Sinn großer Verbreitung ist diese Musik sicherlich nicht.

4. Bei Kurzformen erfolgt im positiven Fall eine Fokussierung. Eine negative Wirkung wird erzielt, wenn die Essenz des Namens verloren geht.

Lenor, die bekannte Marke für Weichspüler, ist sicherlich eine Kurzform des Vornamens Eleonore, der auf arabisch-griechisch *Ellinor = Gott, mein Licht* zurückgeht.[61] Licht ist also die Essenz von Eleonore und somit auch von Lenor. Licht steht für Klarheit und Reinheit und passt gut zu einem Weichspüler.

---

60. Ebd., S. 300.

61. Walter Burkart, *Neues Lexikon der Vornamen*, S. 111.

Gern werden vor allem kleinere Geschäfte nach den Namen der Inhaber benannt. Als Paradebeispiel für eine Kurzform, bei welcher der Inhalt einfach zu kurz kommt, ist Gabi. Viele kleine Geschäfte in Deutschland tragen diesen Namen: Gabis Friseurladen, Gabis Wollecke, Gabis Teelädchen ... Hätte etwa eine Gabi Pauli die Kraft entwickeln können, Edmund Stoiber abzusatteln? Wohl nicht! Während eine Gabriele weiß, was sie will und für Selbstbewusstsein steht, ist Gabi vorwiegend und gern am Geben, um sich dann in der Regel zu beschweren, immer und von allen ausgenutzt zu werden. Das hebräische *gabriyel* ist gebildet aus *geber = der (starke) Mann* und *el = der Mächtige, Gott*. Gabi wird um die volle Kraft ihres eigentlichen Namens betrogen.

Würden wir einen Artikel aus der Modebranche Gabi nennen wollen, müssten wir entscheiden: Wollen wir die liebe, helfende Gabi ansprechen oder die große, starke Gabriele? Eine Gabriele wird sich zu einer Bluse namens Gabi nicht hingezogen fühlen. Eher wird Gabi einen Artikel kaufen, der Gabriele heißt – weil sie natürlich darin das sieht, was ihr selbst fehlt und wonach sie deshalb strebt. Geht es allerdings nur um einen neuen Topflappen oder eine Küchenschürze, können wir das Teil getrost mit der Kurzform benennen.

Der Name einer Zeitschrift für Wohnen und Dekoration ist *Lisa*, die Kurzform von Elisabeth. Lisa macht die Wohnung hübsch, während Elisabeth ihr Appartement stilvoll gestaltet und vielleicht weitervermietet, weil sie auf eine große Reise geht. Der Name Elisabeth strahlt Selbstbewusstsein aus, während eine Lisa eher noch dabei ist, sich zu finden oder gar zurechtzufinden. Der Name Elisabeth ist gebildet aus hebräisch *el = der Mächtige, Gott* und *scheba = der Schwur, der Eid, sieben*. Elisabeth bedeutet demnach *Gott hat es geschworen* sowie *Gott ist Vollkommenheit*. Schlagen wir das Lexikon der Vornamen von Walter Burkart auf, finden wir eine Menge bekannter Namensträgerinnen, angefangen von Elisabeth im Neuen Testament, der Mutter von Johannes dem Täufer, über diverse Königinnen und eine Kaisergattin bis zur berühmten Elisabeth von Thüringen. Unter Lisa findet sich nur eine schweizerische Sängerin namens Lisa Della Casa.

In der Zeitschrift *Tina* geht es um Kochen und Backen. Tina könnte die Freundin von Lisa sein. Die Namenskurzform Tina kann auf Christina, Bettina oder Martina zurückgehen, die Wurzel ist unklar. Dennoch kann eine Tina im Leben selbstbewusst sein, wenn sie ihre Wurzel erkennt und ihre Bestimmung gefunden hat. Lebender Beweis ist Tina Turner, die den *Turn* und richtigen Dreh gefunden hat.

Die bekannteste Frauenzeitschrift aber heißt nicht Lisa, nicht Tina, nicht Maxi und auch nicht Emmi, sondern *Emma*. Es handelt sich dabei zwar auch um eine Kurzform, hergeleitet vom germanischen Begriff *ermana = allumfassend*, Emma ist aber immer noch kräftig genug und voller Power. Rückwärts gesprochen entsteht *Amme*, die so viel Kraft hat, dass sie andere zu nähren imstande ist. Mit diesem Werbenamen hat Alice Schwarzer wirklich ins Schwarze getroffen.

Maxi ist laut Selbstdarstellung im Internet eine Zeitschrift für „junge, anspruchsvolle Frauen", also für Maxima und Maximiliane. Der Name kommt aus dem Lateinischen von *maximus = sehr groß, der/die Größte*. Hier wird die Zielgruppenansprache im Namen auf den Punkt gebracht, eine gelungene Fokussierung also, denn *die Größte* und *großer Anspruch* gehören zusammen.

Unternehmen und Produkten Persönlichkeit verleihen

Unendlich viele Werbenamen gehen auf Vor- oder Familiennamen zurück. Dadurch erhalten Firma oder Artikel Persönlichkeit. Kunden bauen unter Umständen eine individuelle Beziehung zum Produkt auf, beispielsweise zu *ihrer Diane*, einem Modell von Citroën.

Einige Beispiele:
Getränke: Jacoby Biotrunks, Jacobs Kaffee, Jim Beam, Anton Bergkräuter, Paulaner, Clausthaler
Zigaretten: Winston, Philip Morris, Kim (von Joachim), Peter Stuyvesant, Davidoff (von David)
Gemischtes: Brita Wasserfilter (von Brigitte), Heinz Tomatenketchup, Aurelius Uhren, Aurora mit dem Sonnenstern und McDonald's

Zeitschriftennamen – Bedeutungen und Zielgruppen im Überblick
Zeitschriften werden häufig mit Vornamen bedacht, um der jeweiligen Zielgruppe eine bessere Identifikation mit dem Magazin und seinen Inhalten zu ermöglichen. Einige Namen wurden bereits genannt, die folgende Tabelle listet noch einmal die populärsten Beispiele auf:

Name der Zeitschrift	Herkunft des Namens	Inhalt	Zielgruppe
MAXI	lateinisch maximus = sehr groß, der/die Größte	Mode, Gesellschaft, selbstbewusste Frauen	die junge, anspruchsvolle Frau
LISA	Kurzform von Elisabeth, hebräisch el = der Mächtige, Gott und scheba = der Schwur, der Eid	Wohnen und Dekoration	Frauen, die das Heim gemütlich und schön machen, Hausfrauen

EMMA	germanisch ermana = allumfassend	Emanzipation, Zeitgeschehen	selbstbewusste, emanzipierte Frauen
JOLIE	französisch jolie = hübsch, niedlich	Mode	die hübsche und „brave" Frau
PETRA	griechisch petros = Fels, Felsblock, Stein	Erlebniswelt von Mode, Beauty und Lifestyle	Frauen, die selbst- bewusst wirken wollen
BRIGITTE	keltisch briganti = erhaben, göttlich	Mode, Gesellschaft, „Rezepte, Sex, Kul- tur und Liebe"	ebenfalls für Frauen, die selbst- bewusst wirken wollen
FRIZZ	Kurzform von Fried- rich, althoch- deutsch fridu = Friede, Sicherheit und rihhi = reich, mächtig	Städtemagazin	witzig, spritzig, informativ – für alle, die gern ausgehen
St. Pauli Nachrich- ten	lateinisch paulus = klein, winzig, die Kurzform Pauli ist noch kleiner als winzig	„das Lustblatt Nr. 1"	offensichtlich für ganz kleine Männer

Verfremdung von Namen

Vornamen transportieren unbewusst vorgefertigte Bilder, die Sie bei der Benennung Ihres Unternehmens oder Produkts nutzen können. Sie können sich auch die Freiheit nehmen und einen Namen kreativ verfremden, dabei sollten Sie allerdings darauf achten, dass Sie die Essenz des Namens nicht (zer)stören. Der Name der Zeitschrift *Frizz* kommt sicher von Fritz, einer Kurzform von Friedrich, dem Friedensreichen. Fritz steht für Witz und Intelligenz. Das Männerdeodorant *Axe* könnte von Axel stammen, von hebräisch *ab = Vater* und *shalom = Friede.* Axel heißt *(Gott-)Vater ist der Friede* – mit einem guten *Axel*spray können Sie in Frieden mit Ihren Mitmenschen auch auf engstem Raum zusammen sein.
Indem Sie Buchstaben weglassen, verdoppeln oder neue Buchstaben hinzu- fügen, behalten Sie die Essenz des Vornamens bei und schaffen gleichzeitig

ein Alleinstellungsmerkmal. *Alexsandra* fällt beispielsweise mehr auf als schlicht Alexandra. Denken Sie auch an den Markennamen *Joop!*, der wahrscheinlich auf Joppes und damit auf Jakob zurückgeht.
Sie können auch noch weitere Buchstaben anhängen. Dann wird aus einem Helmut vielleicht ein *Helmuth*. Vermutlich geht auch *Ricoh Camera* auf den italienischen Namen Rico und damit auch auf die deutsche Entsprechung Richard zurück.
Oder probieren Sie internationale Varianten aus. Die kollektive Essenz eines Namens wird dennoch vom Unterbewusstsein erkannt. Aufmerksamkeit erreichen Sie auch, indem Sie den Namen komplett kleinschreiben wie es beispielsweise bei der Kosmetikfirma *alessandro* der Fall ist. Genauso können Sie in der Mitte des Namens einen Buchstaben groß schreiben oder diesen durch Farbe oder Schriftform besonders hervorheben.

Die Wirkung von Familiennamen

Mit einem Familiennamen, der zu Ihrem Unternehmen oder Produkt passt, vermitteln Sie Tradition und Beständigkeit. Ist der Name zudem in Resonanz mit dem Produkt, hat er einen höheren Erinnerungswert. Beispiele sind etwa *Beck's, Krupp, Mannesmann, Knorr, Dr. Oetker* (Familiennamen mit der Silbe *ot/od* gehen auf althochdeutsch *ot = Besitz, Reichtum, Erbe* zurück), *Bauknecht, Mövenpick, Schöller* und viele andere mehr. Entscheiden Sie sich für einen Familiennamen, sollten Sie etymologische Wurzeln und freie Assoziationen berücksichtigen. Diese sollten im Einklang mit Ihrem Unternehmen beziehungsweise Ihrem Produkt stehen. Hierzu eine Reihe von Beispielen:

Schöller (Eiskrem)
etymologisch: von Schelle, verursacht Lärm
assoziativ: Eisscholle
Stimmungsbild: Speiseeis und Eisscholle stehen in assoziativem Zusammenhang zueinander. Auch die Schelle passt, denn mit dieser läutet der Eisverkäufer.

Mövenpick (Eiskrem)
etymologisch: Möwen und picken
assoziativ: Möwen, Meer und Strand
Stimmungsbild: Möwen, Meer, Strand und Urlaub, der Eisverkäufer am Strand

Mannesmann (unter anderem Maschinen)
etymologisch: Mann
assoziativ: Einmal Mann genügt offensichtlich nicht.
Stimmungsbild: Maschinen und Männlichkeit – beides gehört in einen Bedeutungskontext.

Cesar (Hundefutter)
volksetymologisch: „ceadere, caesum = schlagen, hauen, (heraus-)schneiden, weil der erste Träger dieses Namens bei der Geburt aus dem Mutterleib herausgeschnitten worden sein soll“[62]
etymologisch: Zar und Kaiser
assoziativ: Stärke, Größe
Stimmungsbild: Cäsar ist der Größte, der Zar im Haus und ein großer Beschützer. Idealer Name für Hunde, denen eine übergroße Rolle gegeben wird. Die wirkliche Größe des Hundes spielt dabei keine Rolle, Cesar bekommen auch kleine Hunde zu fressen.

Williams Birne (Schnaps)
etymologisch: Wilhelm, althochdeutsch *willio = Wille, helm = Schutz*; Birne (Obst)
assoziativ: standfest, stark
Stimmungsbild: Standfestigkeit und Stärke, „harte“ Sachen sind nur für den harten Mann. Schnaps gibt zudem das Gefühl von Stärke. Mit Williams in der Birne kann nichts mehr passieren, nur die Standfestigkeit könnte unter dem Genuss leiden.

---

62. Duden, *Lexikon der Vornamen*, S. 70.

Skyy (Wodka)
etymologisch: englisch *sky = Himmel*
assoziativ: himmlische Gefühle, Leichtigkeit
Stimmungsbild: Glorifizierung von Alkohol wie in dem Trinklied: „Schnaps, das war sein letztes Wort, dann trugen ihn die Englein fort."

Wodka Gorbatschow
etymologisch: Die Herkunft des Familiennamens ist unklar. Gorbatschows Vorname Michail kommt vom hebräischen *miy = wer* und *el = der Mächtige, Gott*. Der Erzengel Michael ist der Streiter Gottes und Bekämpfer Luzifers.
Geschichte: Michail Gorbatschow war Präsident der Sowjetunion (1990–1991) und gilt als Streiter für die Wiedervereinigung Deutschlands.
assoziativ: Intelligenz, Brüderlichkeit
Stimmungsbild: Brüderlichkeit, Trinkrunde und Trinkfestigkeit. Name und Produkt sind in Übereinstimmung.

Jelzin Vodka
etymologisch: Die Herkunft des Familiennamens ist unklar. Boris Jelzin war von 1991 bis 1999 erster russischer Präsident nach dem Fall des Eisernen Vorhangs, er stellte sich bei der Machtübernahme mutig an die Spitze. Boris ist die Kurzform von Borislav, von russisch *borti = kämpfen* und urslawisch *slava = Ruhm, Ehre.*
assoziativ: Mut, Stärke, Boris als Kämpfer, siehe auch Boris Becker. Am Ende kämpfte Jelzin allerdings nur noch gegen seine Trunksucht.
Stimmungsbild: Russen und Schnaps, das passt zusammen: „Trink, Brüderlein, trink!"

Puschkin (Wodka)
etymologisch: Die Herkunft des Familiennamens ist unklar. Alexander Puschkin war ein berühmter russischer Nationaldichter des 19. Jahrhunderts. Alexander kommt von altgriechisch *alexein = abwehren, schützen, der fremde Männer Abwehrende* und *Beschützer der Männer.*
assoziativ: Als Nationaldichter gilt Puschkin als Held.
Stimmungsbild: Dichtung und tiefe russische Seele, Alkohol, Trinken und Sehnsucht.

Dirty Harry (Lakritzlikör)
etymologisch: englisch *dirty = schmutzig*. Harry ist die Kurzform von Henry und seiner deutschen Entsprechung Heinrich; der Name kommt von althochdeutsch *hain = umfriedeter Platz, heiliger Hain, spiritueller Platz*, was mit althochdeutsch *heima = Heim, Heimat* in Verbindung steht. Heimat- und Glücksgefühle liegen dicht beieinander.
assoziativ: Populär ist die zynische und illusionslose Figur des Dirty Harry aus dem gleichnamigen Film mit Clint Eastwood (1971). Auch Harald Schmidt hat diesen Spitznamen verpasst bekommen. Ist der Lakritzlikör sein Lieblingsgetränk?
Stimmungsbild: Lakritzlikör – ein zäher, schwarzer Saft aus Süßholzwurzeln – sieht durchaus ein wenig *dirty* aus. Harte Männer trinken ihn und spielen im Anschluss schon mal gern den Harry (siehe auch Seite 49).

Johnnie Walker (Whisky)
etymologisch: John = englische Form von Johannes, von hebräisch *channah = Gnade*; englisch *walker = Spaziergänger*
assoziativ: Hans als Archetyp für Glück (siehe Seite 48)
Stimmungsbild: Johnnie Walker, der Spaziergänger, gleicht Hans im Glück, der glücklich seinen Weg geht. Glück, Glücksspiel und Alkohol gehören in einen Bedeutungszusammenhang.

Jim Beam (Whisky)
etymologisch: Jim/James = englische Formen von Jakob, hebräisch *jahwe = der Name Gottes* und *akeb = die Ferse, akab = überlisten, betrügen, verdängen*; englisch *beam = Strahl*
assoziativ: Jim/Jakob steht archetypisch für den Lebemann und Freigeist (siehe unter Jakob, Seite 51); *beam of hope = Hoffnungsstrahl*
Stimmungsbild: Strahlen, Lebensfreude und Hoffnung. Manche Menschen hoffen auf den Alkohol, und Hoffnungslose verschreiben sich ihm gern. Jim Beam scheint gut geeignet, um sich „wegzubeamen“.

Asmussen Jamaica Rum
etymologisch: von Erasmus, griechisch *arásmios = liebenswürdig, begehrenswert*; *chaymaka* heißt *die gut Bewässerte*[63], der Inselstaat Jamaika liegt in der Karibik, wir assoziieren damit karibisches Flair.

assoziativ: Liebe und Verlangen, Fruchtbarkeit
Stimmungsbild: Jamaika und Lebenslust. Im Gegensatz zu Wodka stehen Jamaika und Rum für die volle Lebensfreude.

Veltins (Bier)
etymologisch: von Valentin, lateinisch *valens = kräftig, stark, gesund, mächtig*
assoziativ: Männlichkeit
Stimmungsbild: Trinken als Männerdomäne

Oettinger (Bier)
etymologisch: vermutlich von Otto, althochdeutsch *ot = Besitz, Reichtum, Erbe*
Geschichte: Diverse deutsche Könige und Kaiser trugen den Namen Otto, der gut zum Landesbesitz passt.
assoziativ: Männlichkeit
Stimmungsbild: Besitz, Macht und Männlichkeit

Jil Sander (Mode und Kosmetik)
etymologisch: Jil = englische, weibliche Kurzform von Jillian, Juliane, Julia, von lateinisch *iovilius = dem Jupiter geweiht*; Sander = Kurzform von Alexander, *alexein = abwehren, der (fremde) Männer Abwehrende* und *Beschützer der Männer*
assoziativ: Jupiter als Glücksplanet; Kraft, Schutz, Größe
Stimmungsbild: Jupiter, Glück und Begehren. Frauen, die Männer abwehren, sind für diese noch begehrenswerter.

S. Oliver (Mode und Kosmetik)
etymologisch: von lateinisch *oliva = Olivenbaum, Ölbaum, Olive*
assoziativ: S steht für Sieg und Wachsamkeit (siehe Seite 124); Oliver archetypisch für Leben, Öl des Lebens, Lebenslicht, siehe auch die vielen Gleichnisse von Öl und Lebenskraft in der Bibel
Stimmungsbild: Erfolg, Verbundensein mit dem Leben, Lebenskraft – das passt zum Flair von Mode und Kosmetik.

---

63. Dietmar Urmes, *Handbuch geographischer Namen*, S. 136.

Davidoff (Zigaretten, Mode und Kosmetik, zum Beispiel Davidoff Cool Water)
etymologisch: David geht zurück auf hebräisch *dod = der Geliebte.*
assoziativ: Im Englischen bedeutet *off = fort*, be *off = gestartet sein.* Die Nachsilbe bringt Schwung in den Namen.
Stimmungsbild: Liebe (der Geliebte) ist heiß, *Cool Water* klingt cool – Gegensätze ziehen sich an!

Hugo Boss (Mode und Kosmetik)
etymologisch: Hugo geht zurück auf althochdeutsch *hugu = Geist, Sinn, Gesinnung, Mut*; Boss kommt wahrscheinlich von *Burghard = der Kühne in der Burg.*
assoziativ: Tiefsinn und Durchsetzungskraft, mit Boss verbinden wir auch Führungsqualitäten.
Stimmungsbild: Der Markenname vermittelt Geist, Sinnlichkeit, Mut und Führungsqualität. Der modisch gekleidete und wohlriechende Mann – dank Hugo Boss.

Joop! (Mode und Kosmetik)
etymologisch: vermutlich von Jakob, hebräisch *jahwe = der Name Gottes* und *akeb = die Ferse, akab = überlisten, betrügen, verdängen*
assoziativ: Freiheit und Lebensfreude, bei dem Namen Jopi (Jopi Heesters) denken wir auch an einen Lebemann.
Stimmungsbild: Die Marke Joop! ähnelt dem Jubelruf „Ju-hu!“. Lebensfreude und Extravaganz, Mode und Kosmetik gehören in einen Kontext.

alessandro (Mode und Kosmetik)
etymologisch: von Alexander, aus *alexein = abwehren, der (fremde) Männer Abwehrende* und *Beschützer der Männer*
assoziativ: Alexander, der Große
Stimmungsbild: sich groß und stark fühlen, dank Design und Parfum von *alessandro*

Kate Moss (Mode und Kosmetik)
etymologisch: Kate = englische Form von Katharina, altgriechisch *katharos = rein*; englisch *moss = Moor*

assoziativ: K und T geben Kate Klarheit und Selbstbewusstsein (siehe Seite 116, 127).
Stimmungsbild: Das dunkle Moor (Moss erinnert auch an Moos, welches wir im Moor finden) steht archetypisch für Weiblichkeit und Sexualität. Gerade ein Parfum soll anziehend wirken. Gegenpol zum düsteren Moor ist die Klarheit von Kate. Gegensätze ziehen sich an!

Nike (unter anderem der modische Sportschuh)
etymologisch: von altgriechisch *nike = Sieg*
assoziativ: Abgrenzung durch das Anfangs-N, Durchsetzungskraft dank K (siehe Seite 119, 116)
Stimmungsbild: Sport und Sieg

8. Erfolgsprinzip – „Im Anfang war das Wort“

Buchstaben und Buchstabenfolgen erzählen eine Geschichte

Buchstabenkombinationen und Buchstabenfolgen erzählen eine positive oder eine negative Geschichte, die Misserfolg oder Erfolg bescheren kann. Aber nicht nur Wörter und Namen, auch einzelne Buchstaben tragen Kräfte in sich, verfügen über spezielle Qualitäten und rufen unbewusst zahlreiche Assoziationen in uns hervor. Besonders interessant ist stets der Anfangsbuchstabe eines Namens oder Verkaufsartikels, denn dieser gibt die Richtung vor. Der Endbuchstabe bringt die Essenz eines Namens nochmals auf den Punkt. Anfangs- und Endbuchstabe bestimmen den Rahmen. Mit einem A setzen wir einen Anfang, wie Gott mit Adam oder wie Toyota mit *Auris*. Mit dem Z setzen wir ein Ende und bestimmen gleichzeitig wieder einen neuen Anfang, Innovation ist die Essenz: Die Modefirma *Zara*, siehe auch Zarah Leander, ist beispielsweise bestrebt, Grenzen zu überschreiben und neue Grenzen zu markieren.

„Zurich change happenz“: Der Werbeslogan beginnt und endet mit einem Z. Gleichzeitig spiegelt sich der Mut zur Veränderung in der Schreibweise wider: *Happenz* mit Z statt mit S. Die Kraft des Z, das ja schon am Anfang des Slogans steht, wird nochmals betont.

Beginnt ein Name mit P, assoziieren wir wie bei dem Vornamen Peter häufig Männlichkeit und Beständigkeit. Eine Automarke, die vor allem Männer ansprechen und Männlichkeit vermitteln soll, wählt beispielsweise den Namen *Porsche*. Der Buchstabe P steht auch für Potenz. *Pepsi* will hingegen peppig wirken, während für Christus, Christine und *Canon* Charakter und Charisma entscheidend sind. Auch *Coca-Cola* verkauft Charisma, Flair und Kreativität.

Im Folgenden betrachten wir zunächst die Namen der beiden weltweit größten Suchsysteme im Internet: *Google* und *Yahoo!*. Ihre Werbebotschaft sollte vor allem eine „Fülle“ an Informationen versprechen. Je mehr die

Anbieter anzubieten haben, desto größer werden Nutzen und Nutzerkreis sein. Die Bedeutungen der einzelnen Buchstaben finden Sie im Detail ab Seite 103.

Google

Die Bezeichnung Google basiert laut Wikipedia auf einem Wortspiel (manche Quellen sprechen auch von einem Rechtschreibfehler) mit dem amerikanischen Begriff *googol*. Der Neffe des US-amerikanischen Mathematikers Edward Kasner Milton Sirotta hatte den Ausdruck im Jahr 1938 erfunden, um der Zahl mit einer Eins und hundert Nullen einen Namen zu geben. Die Google-Gründer stießen darauf, als sie eine treffende Bezeichnung für die Fülle an Informationen, die ihre Suchmaschine im Web finden soll, suchten.
G – der Druckbuchstabe sieht aus wie eine Gießkanne ohne Tülle. Das G vermag Energie zu halten und zu bewahren. Nur bei Bedarf wird sie abgegeben. Der Buchstabe K hingegen steht polar entgegengesetzt und hat die Tendenz, Kraft nach draußen zu geben, siehe die Worte Kapital, Kommunismus, Kinder, Kriegen und Krach. Das G ist weich und weiblich, das K ist hart und männlich. Weich, weiblich, Dinge aufnehmend – das macht das G insbesondere als Anfangsbuchstabe anziehend. Menschen möchten gern an- und aufgenommen werden. *Kookle* hätte zum Beispiel nicht die gleiche magnetische Anziehung wie Google, aber *Kika* ist ein guter Werbename für einen *Ki*nder*ka*nal im Fernsehen.
O kommt in Google gleich doppelt vor. Es steht zwischen den beiden Gs. Es ist dem Bauch zugeordnet und symbolisiert Gefühl, Leidenschaft und Kreativität. Ein Kreis verkörpert Vollkommenheit und daraus können wir endlos schöpfen. G und O bedeuten wahre Fülle. Das doppelte O wird U gesprochen. Das ist der tiefste Vokal, der für weibliche Spiritualität steht, für Wissen und Weisheit. Nochmals ein Pluspunkt für die erfolgreiche Suchmaschine Google.
L steht für Leben, Lust und Leichtigkeit, aber auch als „strenges“ L für Linie und dafür, die Dinge in einen klaren Rahmen zu bringen.
E ist der letzte Buchstabe von Google. Dieser Vokal ist dem Kehlkopf zugeordnet und steht für die Stimme, die mit diesem gebildet wird, für ein Auftreten mit Be*stimm*theit und dafür, dass man seiner Be*stimm*ung folgt.

Der Anfangsbuchstabe G = *Aufnehmen* und der Endbuchstabe E = *Abgeben* (Erde, extern, Exit) stellen einen Ergänzungsgegensatz dar – ähnlich wie Mann und Frau –, was nochmals anziehend wirkt. Hinzu kommt die positiv wirkende Aufforderung „Go!" („Geh!"), die in Google enthalten ist. Ein Stopp(-Schild) mögen wir hingegen nicht so gern. Die Buchstabenfolge *le* verniedlicht und verkleinert ein Wort im Deutschen, siehe *Haus* und *Häus-le*, wodurch der Name Google etwas Liebliches und Lebendiges erhält. Zusätzlich kann aus Google ein Verb gebildet werden, das mittlerweile selbst vom Duden anerkannt wird: *googeln*. Yahoo! tut sich hier schwerer: *yahoolen* gibt es nicht und es klingt komisch. Im Deutschen ähneln sich außerdem Google und *gucken*. Genau das machen wir beim Googeln, wir gucken und gucken und müssen Acht geben, uns dabei nicht zu vergucken und im Netz auf Nimmerwiedersehen zu verschwinden.

Yahoo!

Y – der Anfangsbuchstabe Y ist nicht so anziehend wie das G von Google. Das Y steht für Tod und Wiedergeburt, mit beiden Phänomenen wollen wir in unserer Kultur nicht so viel zu tun haben. Das Y taucht „zufällig" als Kennzeichen auf deutschen Militärfahrzeugen auf. Es spiegelt Männlichkeit wider, siehe auch das geschlechtsbestimmende Y-Chromosom.

A – der Vokal A ist dem Herzen zugeordnet und steht einerseits für Liebe und Wärme, andererseits für den Adler, der hoch über den Dingen schwebend Essenzielles stets ins Auge fasst – eine Eigenschaft, die im übertragenen Sinn auch wichtig für eine gute Suchmaschine ist.

H gibt Halt. Auch gut, erinnern wir uns, dass wir mit der Suchmaschine nach Anhaltspunkten suchen und wie schnell wir haltlos im Internet umhersurfen.

O Ähnlich wie bei Google finden wir in Yahoo! zweimal den Vokal O, ebenfalls als U gesprochen, also *Yahu!*. Mit einem „Hu!" können wir Menschen allerdings auch erschrecken. Kein Pluspunkt für den Werbenamen.

Andererseits erinnert *Yahoo!* an den Jubelruf „Juhu!". *Ya* wird *Ja* gesprochenen, im Englischen haben wir *Yeah*, beide Worte stehen für Lebensoptimismus, das haben uns schon die Beatles mit ihrem „Yeah, yeah, yeah …" vorgesungen. Die Buchstabenfolge *ah* führt zu *Aha*-Erlebnissen, die wir bei jedem Treffer mit der Suchmaschine haben.

Aus Sicht der Buchstabenanalyse hat Google den effektiveren Werbenamen gewählt – auch die einzelnen Buchstaben unterstützen die implizite Werbebotschaft.

Die Genialität der Initialen VW

Der Buchstabe V bringt Gegensätzlichkeiten auf den Punkt: Die Linien des V gehen oben wie eine Schere auseinander und werden unten wieder zusammengeführt, sie sind auf einen Punkt ausgerichtet und bündeln Energie. Das V entspricht den gespreizten Fingern des Victory-Zeichens, das für Sieg steht.

Das W wird aus einem doppelten V gebildet. In der Runendeutung steht es für *Wotan den Wütenden* und symbolisiert somit Durchsetzungskraft und Erfolg. Im W sind sowohl männliche als auch weibliche Kräfte vereint: Im Englischen ist das W nämlich ein double-u und das U ist als tiefster Vokal der weiblichen Spiritualität zugeordnet.

Besonders gut ist das Zusammenspiel von V und W im Logo von *VW*: Innerhalb eines Kreises, der für Vollkommenheit steht und alles umfasst, symbolisiert das W die Basis, das V verkörpert das Ziel. Das V steht über dem W in der Mitte, sodass das V im W nochmals spiegelbildlich erscheint. Spiegelungen stehen für Ganzheitlichkeit. Synergieeffekte werden erzeugt. Endlich einmal ein großer Pluspunkt für den VW-Konzern!

Das Touristikunternehmen TUI

Der Anfangsbuchstabe T steht für Tod, Trennung und Neuanfang. Im Logo von *TUI* strahlt uns jedoch ein breites Lächeln entgegen. TUI lässt uns den ernsten Alltag vergessen und auf das Neue freuen, und das schnell: Mit T-UI sind wir „in einem Hui“, das umgangssprachlich *sehr schnell, im Nu* bedeutet, dem Alltag entflohen: Vom tiefen U geht es hinauf zum höchsten Vokal, dem I. Oben fühlen wir uns immer wohler!

Adidas und Puma

Die zerstrittenen Brüder Adolf und Rudolf Dassler stehen hinter zwei großen Firmennamen. Jeder gründete seine eigene Schuh- und Sportartikelfirma. Aus Adolf Dassler, genannt *Adi*, wurde *Adidas*, aus Rudolf Dassler *Puma*. Zwei Erfolgsnamen, wobei Adidas schon seit Langem die Weltführung übernommen hat. Für die Fußballweltmeisterschaft 2006 erwarb Adidas

Werbelizenzen im Wert von fast einer Viertelmilliarde Euro, eine Summe, die die Schlagkraft des Konzerns verdeutlicht.

Adidas

A ist der erste Buchstabe im Alphabet. A steht für Anfang, für Größe (Adler) und Herz. Alles, was wir beginnen, sollten wir mit dem Herzen beginnen!
A steht auch für Erkenntnis, für das Aha-Erlebnis.
Energie wird ausgerichtet: **A(h) – di(e) – das!**
As = Am Ende steht der höchste Trumpf und Siegesgewissheit.

Puma

P steht für männliche Tatkraft, nach vorn gehen, siehe auch Kraft und Aggression eines Puma, Panther oder Porsche.
Pu – diese Buchstabenkombination steht auch für Erschrecken, denken Sie zum Beispiel an den Schreckensruf „Puuh!".
M und **Ma** symbolisieren weibliche Eigenschaften, siehe Meer und Mama. Männliche und weibliche Kraft stehen sich polar gegenüber (Pu-Ma), ein großer Spannungsbogen wird erzeugt.
Die Kräfte des Namens Puma sind gebundener als die des offeneren Namens Adidas. Logischerweise bindet das Bild von der Raubkatze. Adidas dringt tiefer ins Unterbewusstsein ein und macht damit größere Sprünge als ein Puma. Dem Markennamen Puma fehlen zudem die Impulse der Vokale E und I.

BMW – Bayerische Motoren Werke

B = Bequemlichkeit, Geborgenheit, Busen. Auch das *bayerische* Lebensgefühl steht für Gemütlichkeit
M = Materie, Mutter, Meer. Diese Begriffe stehen für Energie und Leben. Ein *Motor* ist ebenfalls voller Energie.
W = Wolf, Wotan der Wütende. Männliche Aspekte. *Werk* geht auf die Wurzel *wirken* zurück und ist verwandt mit den Worten *Wurm* und *Wurst.*[64]
Spätestens jetzt lassen sich die Essenz und der wahre Charakter eines *BMW* nicht mehr leugnen. Wotan, den Wütenden, finden wir in der Haifischschnauze des BMW wieder. Auf einem Foto des damals neuen BMW-

64. Duden, *Das Herkunftswörterbuch*, S. 924.

Abholzentrums in München, abgebildet mit der Überschrift „Tempel der Dynamik“ in der Zeitschrift *mobil* im Oktober 2007, ist zudem ein angreifender Hai dargestellt. Wundern Sie sich also nicht über drängelnde BMW-Fahrer auf der Autobahn. Allerdings greifen nicht die Autos an, sondern ihre Fahrer! Oft sind es energiegeladene, zielbewusste bis zielfixierte Menschen mit wenig Zeit, obwohl alle Menschen über gleich viel Zeit verfügen – oder es sind einfach nur Möchtegerns, die von solchen archetypischen Zeichen angezogen werden.

Ganz wesentlich: Mit keinem Wort erwähnt BMW sein Haisymbol. Ausgesprochen würde der Hai Angst einjagen und könnte Kunden vertreiben. Am kräftigsten wirken Symbole im Unterbewusstsein. BMW-Manager wissen: Ein Bild zählt mehr als tausend Worte.

Die Buchstabenfolge B-M-W fügt sich zu einer logischen Bildgeschichte zusammen: B steht für Geborgenheit und ist die Basis für den folgenden Buchstaben M, der das weiblich-mütterliche Prinzip sowie Energie und Leben verkörpert. Dem schließt sich mit dem W das männliche Prinzip an.

Impulse für die Praxis

Unterstützen Sie Ihre Werbeaussage mit der richtigen Wahl der Buchstaben!

Setzen Sie Buchstaben bewusst ein, im zweiten Teil dieses Buchs finden Sie die Bedeutungen, die mit bestimmten Buchstaben assoziiert werden (ab Seite 103). Überprüfen Sie, ob die Buchstabenfolge Ihres Werbenamens eine positive oder eine negative Geschichte erzählt.

Achten Sie auf den richtungweisenden Anfangsbuchstaben Ihres Werbenamens, auf die Bedeutung von Initialen und auf die Art, wie Sie Ihre Buchstaben grafisch darstellen. Form und Inhalt sollten einander entsprechen.

Teil II: Nachschlag

Das Prinzip von Anfang und Ende: Die Kraft der einzelnen Buchstaben

Im Anfangs- und Endbuchstaben spiegelt sich die Essenz eines (Werbe)Namens wider. Der Anfangsbuchstabe gibt die Richtung vor und der Endbuchstabe bestimmt das Ende sowie den Ausgang. Anfangs- und Endbuchstabe bilden also den Rahmen. Hierzu folgender Text, der die Bedeutung von Anfang und Ende erfahren lässt:

Die Bdeeutnug des Afnagnbsucshtanebs, aebr acuh des ltetzen Bcuhstbanes enies Wrots, zegit uns die Srpahce sblest. So wie der ertse Bcuhtsabe eiens Wroets oedr Nmanes die qaulittavie Krfat vrobsetmimt, so etnscehiden wir drcuh usnree afnänlgihce inenre Hatlung üebr den Hlat des Gnazen. *Hlat*ung gbit *Ihnalt*. Diseer *hlät* von *inenn* und lsäst uns aurficthen. Enstcheiendd ist zduem, wie wir enie Scahe beignenn, wie wir uns am *Afnnag* slebst *eifnangen* und smameln, um *tat*äschilch anuzafngen und zur *Tat* scrheiten zu köennn. Genuaso wicthig, wie wir enie Scahe bigennen, ist das Edne. Wie rnuden und sclhießen wir enie Siutaiotn ab, soadss wir uns hudnertprzoentig dem Neeun wimden köennn, onhe dem Atlen naczhuhnägen? Anlaog hirezu besimmtt der ltezte Bucshtbae eiens Wrots die Qulaiätt des Ednes.

Mit kalerm Afnnag und kalerm Edne floegn wir dem Pirznip der Gnazehitlihckiet. Ziwshcen Afanng und Edne ist Gsecihcthe: Fheler drüefn geamcht wreden, onhe dsas der Wseengseahlt daurnetr leiedt, wiel deise slesbt zum Wcahtsum gheröen. Onhe Fheler knönen wir nciht lenren und acuh nciht wcahesn. Das ist ein sher mnesclhicehs Prniizp und es ist enie enifahce Wharehit, dsas das Gnaze imemr gnaz belibt, wnen wir es gnaz nheemn.

Acuh usner Gheirn bgerefit grudnsäztlcih gnazheiltich. Hiezru kusriret folegnedr Txet im Inetrent:

„Luat eienr Sutdie an enier egnlishcen Uinvreisätt ist es eagl, in weclher Rehienoflge die Buhcstbaen in eienm Wrot stheen, das eiznig Wicthige daebi ist, dsas der esrte und ltezte Buhcstbae am rihctigen Pltaz ist. Der Rset knan toatler Bldösnin sien, und wir köennn es trzotedm onhe Prboleme leesn. Das ghet dehsalb, wiel wir nihct Buhcstbae für Buhcstbae eizneln lseen, sodnern Wröter als Gnazes bgerieefn."

Etnshceiednd ist aebr, dsas wir das Wrot breiets im Hrin gsepiecehrt haebn. Snost knöenn wir es auf usneerr Fsetlptate nciht fniden und sotleprn im Txet. Fniedn Sie es biespielswiese guresilg, wnen Inhen ein Lhtaivaen (1) bgegeent? Wohl kaum, weil Sie das Wort wahrscheinlich nicht gespeichert haben. (1) Leviathan = Ungeheuer.
Wenn aber Anfangs- und Endbuchstabe nicht korrekt sind, annd ebgriefne Nmecsehn tcihsn emrh; richtig geschrieben heißt das: dann begreifen Menschen nichts mehr.

Der Namenscheck bei Werbenamen

Das „Prinzip von Anfang und Ende" können wir auf Werbenamen übertragen, zum Beispiel beim Toyota *Auris:* Der Anfangsbuchstabe A steht für Anfang, und Auris heißt *Morgenröte*, die den Anfang des Tages kennzeichnet. Dieser soll siegreich enden: Der letzte Buchstabe von Auris, das S, steht für *Sieg*. Im Werbenamen Auris spiegelt sich die Unternehmensphilosophie und Produktidee von Toyota wider.
Als weiteres Beispiel sei der Schokoriegel *Mars* genannt. „Mars bringt verbrauchte Energie sofort zurück." Der Anfangsbuchstabe M steht für Geschmack und Genuss. Wir bekunden unseren Genuss mit einem „Hmmm". M steht auch für Materie und damit für Energie. Das S am Ende bringt uns wieder den Sieg: Dank Mars sind wir voller Energie.

Die Qualität der Buchstaben von A bis Z[65]

Viele im Folgenden genannte Namensbeispiele werden international eingesetzt. Die Deutung der Buchstaben ist ebenfalls nicht auf eine Sprache begrenzt. Es handelt sich dabei um Qualitäten, die vor keiner Landes- oder Kulturgrenze Halt machen.

65. Joachim Schaffer-Suchomel: *Nomen est Omen. Die verborgene Botschaft der Vornamen*. Goldmann-Arkana, München 2007.

Die Qualität des Buchstabens A

Das A ähnelt einer Stehleiter, die mit gespreizten Füßen auf der Erde steht und deren Spitze in den Himmel zeigt. Das A verbindet Himmel und Erde, symbolisiert Einheit und Teilung. Die Quersprosse der Leiter verleiht dem A Stabilität. Die Leiter selbst steht für Schutz. Mit ihr können wir geschützt nach oben steigen. Der Buchstabe ähnelt zudem einem Zelt, das ebenfalls Schutz bietet.

Im A sammelt sich die Energie – oder haben Sie schon einmal einen erschöpften *Alligator*, einen lahmen *Affen* oder eine müde *Ameise* gesehen? Auch die Vornamen *Adam*, wörtlich *der Acker- oder Lehmboden*, oder *Adelheid*, von althochdeutsch *adal* für *edel*, zeugen von der Kraft im *Anfangs*buchstaben A. Spüren Sie der Energie in den folgenden Wortbeispielen nach oder schauen Sie Begriffe im Lexikon unter A nach, sie werden viele kraftvolle Ausdrücke finden: *Aggression, Aktion, Ahnen, Ahnung, Akt, Aktualität, Alarm, All, Allianz, Attraktion …*

Auch in der Runendeutung spricht man von dieser Energie. Dort symbolisiert das A den Adler der Asen. Die Asen sind in der germanischen Mythologie das nordische Göttergeschlecht.[66]

Voller Energie ist auch das Wort *Anfang*. Denn am Anfang, um überhaupt *anfangen* und uns unserer (Lebens)*Aufgabe* widmen zu können, müssen wir uns sammeln, unsere Energie bündeln. Ohne Sammlung sind wir zerstreut. Mit dieser Eigenschaft können wir bestenfalls Professor werden. „Im Anfang war das Wort", steht am Anfang des Johannes-Evangeliums, und A ist logischerweise auch der erste Buchstabe im *Alphabet*.

Das A lässt uns nicht nur sammeln, sondern auch öffnen. Beim Aussprechen des A öffnen wir uns. Das A ist dem Herzen zugeordnet.

---

66. Zoltán Szabó, Ingrid Szabó, *Geheimnis der Vornamen*, S. 21.

Die Essenz

Das Bild	Das A symbolisiert ...	Werbenamen
Das A ähnelt einer Stehleiter. Mit ihr können wir geschützt nach oben steigen.	**Stabilität und Schutz** **Herz** **= Liebe, Mitgefühl, Wärme, Achtung** **Adler** **= Größe, Klarheit, Distanz** **Anfang** **Alles**	(Danone) Activia Adidas AEG Aldi Allianz Alnatura Alfa Romeo Ariel Auris Aurora

Beispiele:
Das Waschmittel **Ariel** macht die Wäsche weiß und **klar.**
Alnatura = **Alles** ist Natur.
Aldi hat Produkte für „**all die**" Menschen, die billig einkaufen möchten, und das wollen in der Regel alle.

Die Qualität des Buchstabens B

Die Senkrechte des B bedeutet Festigkeit und Aufrichtigkeit. Denken Sie an den Begriff *Baum*, der mit B beginnt und der sowohl aufrecht als auch fest steht. Er kann sich im Winde wiegen, weil er tief verwurzelt ist. Der *Boden* ist seine *Basis*.
An der Senkrechten des B wölben sich zwei *Busen*. Sie stehen für Fülle und Kraft im Hier und Jetzt. Denken Sie an den *Ball*, der rund und voll wie die Erde ist. Mit dem B hat alles *Bestand*.
Vornamen, die mit B beginnen, zeugen von dieser erdigen Kraft. So bedeutet *Bernhard* ursprünglich *der Bär* – und dieser gilt als ein Symbol der Stärke.
Beim Aussprechen des B werden die Lippen leicht zusammengedrückt und es wird ein sanfter Luftstoß erzeugt. Nicht nur in der Form, auch in der Aussprache ist die Weichheit des Lippenlauts B zu erkennen.

Die Essenz

Das Bild	Das B symbolisiert ...	Werbenamen
An einer Senkrechten wölben sich zwei Halbkreise.	**Geborgenheit** **Basis** **Fülle**	Bahlsen BASF Bauknecht Bild Bionade BMW Bosch Bruno Banani

Beispiele:
Ein **BMW** symbolisiert **Fülle**. Mit voller Kraft voraus! Er gibt zudem das Gefühl von **Geborgenheit**: Der BMW gilt als sicher und robust.
Spätestens nach dem Genuss von **Bahlsen**-Keksen sind wir gut **gefüllt.**

Die Qualität des Buchstabens C

Das C ist ein Halbkreis, der von oben nach unten gezeichnet wird und somit die Energie von oben nach unten holt. Das C ist nach vorn, in Lesrichtung geöffnet. Typische Worte sind *Champagner, Charisma, Charakter, Chef* oder *Clown*. Etwas wird in die Welt gebracht. Öffnen Sie einmal eine Flasche Champagner. Schütteln vorher nicht vergessen! Ihr Charisma strahlt in die Welt und ein Clown verschenkt Augenblicke.
Das C wird als K gesprochen und hat somit gleichzeitig auch die Qualität dieses Buchstabens. Im K zentriert sich die *Kraft* in der Mitte der Senkrechten. C und K stehen für Zentriertheit.

Die Essenz

Das Bild	**Das C symbolisiert ...**	**Werbenamen**
Ein Halbkreis verbindet Himmel und Erde, ist nach vorn geöffnet und nähert sich dem Kreis, also der Vollkommenheit, an.	**Offenheit** **Charisma** **Charakter**	C&A Canon Cesar Coca-Cola Continental

Beispiele:
Coca-Cola spricht eine Zielgruppe an, die jung, **charismatisch** und **offen** sein möchte.
Canon: Mit dem Slogan „Canon, you can!" wird **Offenheit** vermittelt.

Die Qualität des Buchstabens D

Der große Bogen an der Senkrechten des D bedeutet Güte und Weichheit, auch im Sinn von Weiblichkeit. Das sehen wir an Worten wie *Demut, Dank, Daddy* und *Daunen.*
Der Bauch des D gewährt Raum, wie es auch *Diele, Delta* und *Depot* tun. Das D beschreibt zudem einen Zeit*raum* – etwas ist von *Dauer* oder *dauert* eine Weile. Und auch das Wort *Dasein* bedeutet *einfach da sein.* Eile ist nicht angesagt.

Die Essenz

Das Bild	**Das D symbolisiert ...**	**Werbenamen**
Ein großer Bogen an einer Senkrechten.	**Weichheit und Güte, Raum**	Daimler Dash Dax Dior Dolormin Duden

Beispiele:
Das Waschmittel **Dash** macht die Wäsche **weich.**
Ein Daimler verspricht **Geräumigkeit.**

Die Qualität des Buchstabens E

Der Buchstabe E wird ebenfalls durch eine Senkrechte dargestellt, die für Aufrichtigkeit und Festigkeit steht. *Erkenntnisse* und *Erfahrungen* geben Festigkeit und führen zu Aufrichtigkeit. Sie richten uns auf! Die gesamte Form des Buchstabens E wirkt sehr stabil.
Von der Senkrechten gehen drei Waagrechte ab – diese symbolisieren die Kräfte der drei Ebenen Körper, Geist und Seele. Das E steht somit für Ganzheitlichkeit; es geht darum, die drei Ebenen in der Waage zu halten. Das E steht für *Energie.*
Das E ist der Kehle zugeordnet und dank Kehlkopf können wir sprechen – Inneres wird geäußert und zur Sprache gebracht. Mit Worten können wir uns orten und mit Bestimmtheit auftreten. Sprache ist ein grundlegendes Werkzeug der Kommunikation, der Erkenntnis und Erfahrung.

Die Essenz

Das Bild	Das E symbolisiert …	Werbenamen
Von einer Senkrechten gehen drei waagrechte Linien ab.	**Stabilität** **Ganzheitlichkeit** (Körper, Geist und Seele) **Bestimmtheit** (Kehle, Stimme) **Existenz, Erfahrung, Erkenntnis, Energie**	EAM Edeka E.ON Esprit Esso Evian

Beispiele:
Die Marke **Esprit** steht für Mode, Ausstrahlung und Esprit – also für **ganzheitliche** Schönheit.
E.ON und **EAM** liefern Energie. Genauso **Esso.**
Das natürliche Mineralwasser **Evian** gibt ebenfalls **Energie.**

Die Qualität des Buchstabens F

Auch die Senkrechte des F steht für Aufrichtigkeit, ebenso die Worte *fechten* und *Fahne*. *Festigkeit* drücken zudem Wörter wie *fest* und *flechten* aus.
Dennoch: Im Gegensatz zum E würde ein auf den Tisch gestelltes F nach vorn kippen. Denn von der Senkrechten gehen nur zwei waagrechte Linien ab. Die untere Waagrechte, welche Halt geben könnte, fehlt. Es geht nach draußen in die Welt: *frisch, frei* und *fröhlich.*
Mit einem F als Anfangsbuchstaben kommen wir in den *Fluss* unseres Handelns. Genügend Kraft und *Fertigkeiten*, die wir aus dem *Effeff* beherrschen, sodass wir sicher nach *Schema F* verfahren können, sind vorhanden, um jetzt den Schritt nach vorn zu wagen. Statt *fix* und *fertig* sind wir *fit* und *fertig*, also bereit, zu handeln. Obwohl auch fix im Grunde genommen etwas Positives, nämlich *fest* und *gefestigt*, meint.
Typische Vornamen sind *Frank* und *Franz*, die denselben Ursprung wie die Redewendung „*frank* und *frei*" haben, sowie *Felicitas* und *Felix*, die auf die lateinische Bezeichnung für *Glück* zurückgehen.

Die Essenz

Das Bild	**Das F symbolisiert ...**	**Werbenamen**
Von einer Senkrechten gehen zwei waagrechte Linien ab.	**frisch, frei, fröhlich, forsch, flott und feurig**	Fanta Ferrari Fiat Finke Möbelhaus Fisherman's Friend Focus

Beispiele:
Ferrari ist **forsch** und gibt das Gefühl, **frei** zu sein.
Fanta kommt von **Fantasia**, ist spritzig und **frisch.**
Fisherman's Friends brennen wie **Feuer.**

Die Qualität des Buchstabens G

Das häufig vorkommende Präfix *ge* heißt *zusammen* und *mit*, wie beim Wort *gemeinsam* deutlich wird. Es bezeichnet zuweilen eine Anhäufung verschiedener Teile (zum Beispiel bei *Gebirge*) oder auch das Ergebnis eines *Geschehens* (zum Beispiel *Gemälde* oder *Gewächs*). Oder das Präfix meint, da in unserer Welt alles einen polaren Gegensatz hat, das *Gegenteil* von *gemeinsam*, nämlich *geteilt*. Im G ist auch die Aufforderung „*Geh!*" enthalten.
Das G gleicht einer *Gießkanne* ohne Tülle. Wer Energie sammelt und bewahrt, vermag auch zu *geben*, wie *Gabi* und *Gabriel*. Das hebräische *gabriyel* ist gebildet aus *geber = der (starke) Mann* und *el = der Mächtige, Gott*. Der G-Laut wird mit einem Zungenschlag gegen den *Gaumen* erzeugt. Als Kehllaut ist er verwandt mit dem K, hat allerdings einen weicheren Klang.

Die Essenz

Das Bild	Das G symbolisiert ...	Werbenamen
Das G ähnelt einer Gießkanne ohne Tülle.	**Energie bewahren,**	Geo
	gegenwärtig, weich und	Geox
	gütig sein	Goggomobil
	geben, die Kraft hinausgießen	Google
		Gore-Tex
		Granini

Beispiele:
Google gibt **Energie** (Informationen).
Gore-Tex hält **Energie** beziehungsweise **Wärme**.
Granini gibt **Kraft.**

Die Qualität des Buchstabens H

Zwei senkrechte Linien, welche für Aufrichtigkeit stehen, sind durch eine Querstrebe miteinander verbunden. Das verleiht dem H Stabilität. Aufrichtigkeit und Stabilität werden auch mit den Worten *Halt, Haupt, heil, Heer, Herrschaft, Haushalt* und *Haus* assoziiert.

Interessant ist die Dynamik des Großbuchstabens H in Schreibschrift. Allein die Schwünge zeigen, wie viel Kraft und Lebensfreude dieser Buchstabe auszudrücken vermag.
Das H wird erst in Kombination mit dem Vokal A hörbar. Der Vokal, in diesem Fall das A, gibt den Ton an! Das A steht unter anderem für *Anfang* und Öffnung. Beim Aussprechen des H müssen wir, nachdem wir tief eingeatmet haben, Rachen und Mund weit öffnen und aus*hauchen*. Das H steht für Leben, unsere Lebenslust drücken wir ebenfalls mit einem „*Haha*" aus.
Wenn wir aufseufzen, verschaffen wir uns mit einem aus der Tiefe kommenden H Erleichterung. Wir lassen Altes los und fühlen uns leicht. Das heißt, wir fühlen uns – und das auch noch leicht! So verwundert es nicht, dass das Wort *Atem* mit altindisch *atman = Hauch, Seele* sowie mit dem Begriff *Odem* verwandt ist. Gott *hauchte* Adam den Odem und damit Leben ein. H steht für Tiefe, also Lebenskraft, und für Höhe, also Lebenslust. So beginnen *Himmel* und *Hölle*, aber auch *Harmonie* mit einem H. Lebenslust drückt sich auch in den Worten *hell, Honig, heiß* und *Hoden* aus. Und auch das Gegenteilige gehört im Leben immer dazu, das drücken Worte wie *hysterisch, hart, harsch, Hass* und *hauen* aus.
Im deutschen Namen *Helmut* spiegeln sich ähnliche Merkmale wider. Mutig ist er, aber einen *Helm* setzt er sich sicherheitshalber auf. Auch *Herbert*, von althochdeutsch *heri = das Heer* und *beraht = strahlend, glänzend*, vereint in sich beide Qualitäten: Stabilität und Lebensfreude.

Die Essenz

Das Bild	Das H symbolisiert ...	Werbenamen
Zwei senkrechte Linien sind mit einer Querstrebe verbunden.	**Lebenskraft, Lebenslust, Lebensfreude** **Halt und Haupt**	HAG Hanomag Haribo Hengstenberg Hertie H&M Horten Hugo Boss

Beispiele:
Haribo macht Kinder froh! Die bunten Bären stehen für **Lebenslust** und **-freude**. **Halt** und **Haupt** spiegeln sich in **Hugo Boss** wider. Das Haupt nennen wir Boss.

Die Qualität des Buchstabens I

Das I steht für Aufrichtigkeit und Stabilität: *Ideal*, *Identität* oder *Instanz*. Auch ein *Image* lässt sich nicht wieder so schnell verändern. Es steht! In manchen Wörtern mit dem Anfangsbuchstaben I kommt aber auch das Gegenteil zum Ausdruck, wie das Wort *Impotenz* verrät. Stabilität drückt das I ebenfalls in der Vorsilbe *in* aus, die *ein* und *hinein* bedeutet. Auch die *Impressionisten* nahmen die Eindrücke der Welt in sich auf. Das I verbindet Himmel und Erde miteinander, es drückt ein Verbundensein aus, wie auch die Begriffe *Internet* und *international*.
Aufgrund seiner Einfachheit steht dieses Schriftzeichen auch für Klarheit und Licht. Das kleine i sieht ohnedies aus wie eine brennende Kerze. Das I vermag *Impulse* zu geben, steht für *Ich*-Bewusstsein, *Intuition,* Wille und Durchsetzungskraft. Das I ist der *Imperativ* unter den Vokalen. Wir drücken mit ihm auch unser Unbehagen oder unseren Unwillen im Ausruf „*Igitt!*“ aus.
Durchsetzungs- und Widerstandskraft haben wir auch im Vornamen *Ivo = der Bogenschütze*, von althochdeutsch *iwa = die Eibe, Bogen aus Eibenholz.* Aufrichtigkeit und Stabilität klingen in den Namen *Ina* beziehungsweise *Regina = Königin* an. Wie sollte ohne diese Qualitäten eine *Regina* sonst *regieren* können?

Die Essenz

Das Bild	Das I symbolisiert …	Werbenamen
Das große I ist eine Senkrechte, die für sich allein steht. Das kleine i ähnelt einer brennenden Kerze.	**Intuition** **= göttlicher Wille, Impuls** **englisch I = Ich** **Bewusstsein, Wille, Identität**	Idee Kaffee Intuition Ikea

Beispiel:
Das Markenparfum **Intuition** steht natürlich für **Intuition,** gibt aber auch **Identität.**
Ikea ermöglicht **Selbst**verwirklichung in den eigenen vier Wänden. Wir **identifizieren** uns mit unserer Einrichtung.

Die Qualität des Buchstabens J

Das J geht als einziger Großbuchstabe in Druckschrift unter die vorgezeichnete Linie im Schreibheft. Es führt in die Tiefe und schöpft aus dieser. Das J verbindet polare Gegensätze: das Oben und Unten. Es steht für *Jehova*, Gott in der Höhe, und auch *Jodler* wissen, in welche Höhen sie mit ihrer Stimme steigen müssen. Als Halbkonsonant ist das J dem I zugeschrieben und verbindet ebenfalls Himmel und Erde. Auch *Joch* bedeutet ursprünglich *verbinden*. Das J finden wir als Anfangsbuchstabe in *Jehova*, *Jesus* und *jetzt*. Im Hier und Jetzt ist die größte Kraft des Universums. Das J steht somit auch für Mitte, Ausgewogenheit und Gerechtigkeit – Qualitäten, die auch im Wort *Justiz* zum Ausdruck kommen. Mit den Begriffen *jetzt*, *just* und *ja* werden Türen geöffnet. *Janus* gilt als Gott der Türen und Tore. Von ihm stammt die Bezeichnung für unseren Monat *Januar* und mit diesem wird das neue Jahr eröffnet.
Weitere Assoziationen: *Juwelen, jubelnd, jauchzend, jovial, jung …*

Die Essenz

Das Bild	Das J symbolisiert …	Werbenamen
Das J führt unter die vorgezeichnete Linie im Schreibheft. Das J ist als Halbkonsonant dem Vokal I zugeordnet – siehe deshalb auch unter I (Seite 113).	**Tiefe** **jubelnde Höhe** (Juhu, Juwel, Julia) **Selbstbewusstsein** (jetzt, Justiz, Jesus)	Jaguar Jil Sander Johnnie Walker

Beispiele:
Johnnie Walker hebt uns in **„jubelnde Höhen“.**
Jaguar und **Jil Sander** stehen für **Selbstbewusstsein.**

Die Qualität des Buchstabens K

Beim K treffen sich alle Linien in der Mitte, dort sammelt und zentriert sich die gesamte Energie. *Kommunismus, Kommune* und *kommunizieren* – auch hier liegen geballte *Kräfte* vor. Sie alle gehen auf das Wort *gemeinsam* zurück, wobei die Nachsilbe *-sam* wiederum für *sammeln* steht.
Ein (Samen-)*Korn* enthält die Essenz, den *Kern*, der nicht leicht zu *knacken* ist. Das ist reine Kraft. Vereinigte, gehaltene und zu bewahrende Kräfte nimmt auch ein (Wasser)*Kanal* in sich auf. Oder denken Sie an einen *Käfig*, in welchem Menschen beispielsweise eine *kräftige* Raubkatze gefangen halten. *Kirche, Kartell, Kapital, Kapazität* und *Kaiser* – Kräfte werden dort ebenfalls angesammelt und gehalten. Auch *Könige, Kerle* und *Kinder* – besonders Kleinkinder – verfügen über solche Kräfte.
Das K *kann krümmen, knicken, kränken* und *krank* machen, es *kann knurren* und unbändig alles *kurz* und *klein kriegen*, besonders im *Krieg* oder *Kampf*. Oder es kann einen *Krampf* verursachen.
Typische Vornamen sind etwa *Kaspar*, von altpersisch *ghaz* = der *Schatz* und *bar = verwalten*. Oder *Konstantin* und *Konstanze*, von lateinisch *constare = standhalten.*

Die Essenz

Das Bild	Das K symbolisiert ...	Werbenamen
Im K treffen alle Linien in der Mitte aufeinander.	**Kraft und Konzentrationsfähigkeit.** **Kampf (Kraft** wird nach außen gerichtet)	Karstadt Kia Motors Kik Kind Hörgeräte Kindl Knorr

Beispiele:
Kia – Autos haben natürlich viel **Kraft.**
Kick steht sowohl für einen Preis**kick** als auch für **volle Power.** Der „ultimative Kick" ist fast schon ein stehender Begriff. Nicht wenige suchen danach.

Die Qualität des Buchstabens L

Die Schreibschriftschleifen des L gleichen *lebenslustigen Luftschlangen* und so steht der Buchstabe L auch für *Lust* und *Leidenschaft*, *Lachen* und *Leichtigkeit*, *Licht* und *Liebe* – also für *Leben*. Daher auch die Ähnlichkeit des L mit einer Schlange. Denn auch diese symbolisiert Leben, Wachstum und Erneuerung.
Polar entgegengesetzt dazu steht der Druckbuchstabe L: Von der Senkrechten geht eine Waagrechte ab. Dinge werden auf *Linie* gebracht.
Vornamen mit L symbolisieren Leben und Ursprünglichkeit schlechthin, wie die Namen *Leo* (lateinisch *leo = Löwe*) und *Ludwig* (althochdeutsch *(h)lut = laut, berühmt* und *wig = ringen, Kampf*) zeigen. Auch diverse französische Könige mit dem Namen *Louis* waren für ihr ausschweifendes Leben bekannt. Sie lebten wie Gott in Frankreich und machten ihrem Namen eindeutig zu viel der Ehre.

Die Essenz

Das Bild	**Das L symbolisiert ...**	**Werbenamen**
In Schreibschrift: schwungvolle, lebenslustige Schleifen. Als Druckbuchstabe besteht das L aus einer langen senkrechten und einer kurzen waagrechten Linie.	**Leben, Lust, Leichtigkeit** **Klarheit**, Dinge auf Linie bringen	Lada Langnese Lätta LBS Leibniz Leica Lego Lenor Lidl Lucky Strike

Beispiele:
Lätta, die Margarine mit wenig Fett, steht für **Fitness**, **Lebenslust**, **Leichtigkeit**.
Mit **LBS** bekommen wir unsere Bauvorhaben auf **Linie.**

Die Qualität des Buchstabens M

Das M steht für Ganzheit und Kraft. Es setzt sich als Druckbuchstabe aus zwei Einsen zusammen, die sich spiegelbildlich gegenüberstehen. Die Eins steht ohnedies für Einheit.
Viele Worte, die mit M beginnen, symbolisieren Ganzheit und Stabilität: So vermögen *Mama* und *Mutter* ganz und gar Geborgenheit zu geben. Auch in der *Mitte* fühlen wir uns meist gut aufgehoben. Das *Meer* symbolisiert archetypisch Tiefe und Weiblichkeit. Im Französischen sind *la mer, das Meer,* und *la mère, die Mutter,* phonetisch vollkommen identisch. *Mann, Mensch* und *Macht* beginnen ebenfalls mit M.
Das M symbolisiert Wärme, Wohlbefinden und Genuss. Wir sprechen das M mit wohligem Su*mm*ton aus. Und mit einem „H*mm*" bekunden wir, dass uns etwas *mundet.*

Die Essenz

Das Bild	Das M symbolisiert ...	Werbenamen
Das M setzt sich als Druckbuchstabe aus zwei Einsen zusammen, die sich spiegelbildlich gegenüberstehen.	**Genuss** – mit einem „Hmm" machen wir deutlich, dass es uns schmeckt Die spiegelbildlichen Einsen symbolisieren **Ganzheitlichkeit, Macht** und **Tiefe**.	Mannesmann Maggi McDonald's Melitta Mercedes Miele Mildessa Milka Milupa M&M Monopoly Monroe, Monrose

Beispiele:
Für **Genuss** stehen **McDonald's** (über Geschmack lässt sich natürlich streiten), **M&M**, **Milka** und **Maggi.**
Im Spiel **Monopoly** geht es um die **Macht** des Geldes.

Die Qualität des Buchstabens N

Der Buchstabe N besteht aus zwei sich gegenüberstehenden Senkrechten, die durch eine Diagonale von links oben nach rechts unten miteinander verbunden sind. Der Raum zwischen den beiden Senkrechten wird durchkreuzt. Einmal nach rechts oder nach links gedreht entsteht ein flaches Z. Dieses Zeichen wird in der Buchführung verwendet, um einen Raum, welchem nichts Geschriebenes mehr hinzugefügt werden soll, zu kennzeichnen.
Das N steht für Abgrenzung und Begrenzung – mit einem *Nein* setzen wir Grenzen. Worte wie *nicht* und *nie* wirken abgrenzend, scheidend und unterscheidend, abschneidend und trennend. Mit einem klaren Nein schneiden wir einem Menschen das Wort ab. Auch mit einem Nicht und einem Nie können ganze Welten von uns abgeschirmt werden. Eine *Null* ist Nichts. Nichts können wir nicht sehen und so verwundert es nicht, dass auch die dunkle *Nacht* und der *Nebel* mit einem N beginnen. Durch Begrenzung entsteht aber auch *Neues.*

Die Essenz

Das Bild	Das N symbolisiert ...	Werbenamen
Zwei gegenüberstehende senkrechte Linien werden durch eine Diagonale, die von links oben nach rechts unten gezogen wird, verbunden.	**Abgrenzung und** **Begrenzung** **Neues**	Nestlé Nike Nokia Norma

Beispiele:
Durch **Abgrenzung** von der Konkurrenz erlangen Sie mit **Nike** den Sieg!
Nokia setzt auf **neueste** Technik.

Die Qualität des Buchstabens O

Das O wird als Kreis gezeichnet. Dieser gilt auch als magisches Symbol. So gibt es in der Mythologie den magischen Zauberkreis. Der Kreis steht für Vollendung und Vollkommenheit, so wie ein Ei eine vollendete Frucht ist. Das Ei steht für Leben, auch wenn es als Frühstücksei schon wieder endet.
Das Ei und der Kreis symbolisieren Neubeginn. So beginnt das Wort *Ostern* mit einem O. Nicht zufällig feiern Christen zu Ostern die Auferstehung Jesu und Kinder suchen nach versteckten *Ostereiern*. In der germanischen Mythologie allerdings wurde zum Osterfest die Göttin der Morgenröte verehrt. Ostern und das Aufgehen der Sonne im *Osten* sind eins. Der Neubeginn durch den Anfangsbuchstaben O drückt sich auch im Wort *oder* aus. Dessen Verwendung setzt voraus, dass im Folgesatz ein eigenständiger neuer Sachverhalt erläutert wird.
Ebenfalls mit einem O beginnt *Odin*, der Name des höchsten aller Götter in der nordischen Mythologie – und ein Gott ist ebenfalls vollkommen.
Das O symbolisiert etwas Rundes und Abgerundetes. Ein *Orgasmus* ist eine runde Sache und das Höchste der Gefühle. Mit ihm wird ein *Optimum* erreicht und *Optimismus* erzeugt. Der Kreis steht für Abgeschlossenes.
Das O kann auch Ausdruck von Überraschung sein. Denken Sie an den Verkaufsschlager, das Überraschungsei. Mit diesem Gag ist für Kinder das ganze Jahr Ostern! Begeisterung und Erstaunen drücken wir mit einem „*Oh!*" aus.

Die Essenz

Das Bild	Das O symbolisiert ...	Werbenamen
Ein Kreis	**Vollkommenheit** (Optimum) **Kreativität:** Aus einem Kreis lässt sich endlos schöpfen. **Gefühl und Leidenschaft:** „Oh, wie ist das schön!" **Freude und Überraschung**	Omega Onko Kaffee Opel Osram Otto Versandkatalog

Beispiel:
Der Genuss von **Onko Kaffee** in fröhlicher Runde sorgt für **Freude** und **Leidenschaft.**

Die Qualität des Buchstabens P

Die Senkrechte des P steht für Geradlinigkeit, Aufrichtigkeit und Festigkeit – wie auch die Worte *Prinzip, prompt* und *Prozess.*
Im Vergleich zum B verkörpert das P eine gewisse Bestimmtheit, wenn wir beispielsweise etwas auf den *Punkt* bringen. Aus dieser Bestimmtheit kann aber auch Härte werden, wenn Menschen andere an den *Pranger* stellen.
Das P wird als Lippenlaut härter gesprochen als das B, die Franken lernen beispielsweise in der Schule, das „weiche" B vom „harten" P zu unterscheiden. Nach der Runendeutung ist das P ein Vaterlaut, siehe die Worte *Phallus, Papa, Papst* und *Priester.*
Auf den Tisch gestellt würde der Buchstabe P, wie auch das F, nach vorn kippen. Das P steht für Aktivität. Das sehen wir am Wort *Projekt.* Viele Worte, die mit P beginnen, verkörpern Bewegung, beispielsweise *potenzieren, prozessieren* (was eigentlich voranschreiten bedeutet) sowie *pumpen, poltern, protzen, platzen, provozieren, prellen* und *preschen,* aber auch weichere Worte wie *preisen* und *prämieren.* Der Gegenpol zur Aktivität ist die *Passivität,* der wir in der *Pause* frönen.

Die Essenz

Das Bild	Das P symbolisiert ...	Werbenamen
Ein Halbkreis an einer Senkrechten.	**Geradlinigkeit, Festigkeit** (Prinzip, Prozess) **Aktivität, Bewegung** (poltern, platzen, preschen) der Buchstabe für **Macher** (Potenz, Projekt)	Pepsi Persil Pfanni Plus Porsche Pril

Beispiele:
Pepsi **peppt** und steht für **Aktivität.**
Porsche ist für **Macher.**

Die Qualität des Buchstabens Q

Dem Q folgt in der deutschen Sprache stets ein U. Qualitäten des Buchstabens Q sind somit in abgeschwächter Form auch solche, die zum U gehören. Das Q steht für *Qualität* (Tiefe und Kraft). Bei einer *Quelle* kommt das Wasser aus der Tiefe und fließt nach draußen. Auch das Zeichen des großen Q zeigt mit einem kleinen Strich den Fluss an, der nach draußen dringt. Energie fließt – das passiert auch, wenn wir *quengeln*, *querdenken* oder im Extremfall *querulieren.*
Polar entgegengesetzte Qualitäten sind Ausgeglichenheit (*quitt* sein) und Ruhe (englisch *quite*).
Die Grundform des Q ist ein O, das wiederum für Raum und Geschlossenheit steht. Ein *Quadrat* symbolisiert genauso Raum wie ein *Quartier*, das wir beziehen.

Die Essenz

Das Bild	Das Q symbolisiert ...	Werbenamen
Das große Q ähnelt einem runden Fass (Kreis), das unten mit einem kleinen Wasserhahn versehen ist, aus dem die Dinge hinausfließen können. Das kleine q: Ein senkrechter Strich fährt in die Tiefe.	**Raum, Geschlossenheit** (Quadrat) **Qualität** (Quelle) **Tiefe** (dem Q folgt in der Regel ein U, siehe Seite 128)	Qantas Qimonda Quelle Versandhaus QVC

Beispiele:
Das Versandhaus **Quelle** verspricht eine nie versiegende **Quelle** zu sein, die die tausend Wünsche ihrer Kunden erfüllt.
Der Name des amerikanischen TV Shopping-Kanals **QVZ** steht für **quality**, value und convenience – **Qualität**, Wert und Zweckmäßigkeit.

Die Qualität des Buchstabens R

Das R können wir wunderbar *rollen*. Und mit dem R rollt auch das *Rad* und das Leben. Wir *rotieren*. Es ist zuweilen auch die Aufgabe eines *Rats*, Dinge wieder zum Laufen zu bringen, damit sie eine *runde* Sache werden. Die *Reise* – zuweilen auch das *Risiko* – des Lebens kann also losgehen. Wird es zu schnell, so *rast* und *rennt* die Zeit. Die Energie des R kommt besonders im fränkischen Dialekt mit dem rollenden Zungen-R zum Ausdruck. Auch *Raum* und *Ruhe* verkörpert das R, hier wird Energie gehalten.
Das R steht für Neubeginn und den Zyklus des Lebens. Die lateinische Vorsilbe *re* bedeutet *zurück* und *wieder* – das erinnert natürlich an *Reinkarnation*, *Wieder-Geburt*. Auch der weibliche Vorname *Renate* und das männliche Pendant *Renato* bedeuten *Wiedergeborene* und *Wiedergeborener*.
Einmal ins Rollen gebracht gibt das R die *Richtung* vor: *Richtigkeit*, *Richter* und *Richtlinie*.

Die Essenz

Das Bild	Das R symbolisiert …	Werbenamen
Die Senkrechte gibt dem R Halt. Oben wölbt sich ein kleiner Halbkreis, ein schräger Strich führt nach unten.	**Energie, Raum, Ruhe** Das R bringt die Dinge ins **Rollen** (Risiko, Reise) und gibt dabei die **Richtung** vor.	Rachengold Rei in der Tube Renault Rewe Robin Wood Rollei Rolls-Royce Rowenta

Beispiele:
Rolls-Royce, Renault – Autos **rollen**. Auch der Film in einer **Rollei** wird abgerollt.

Die Qualität des Buchstabens S

Der Buchstabe S hat die Form einer Schlange. Diese symbolisiert Wandlung. Im S haben wir keine kriechende, sondern eine Schlange, die senkrecht in die Höhe *geschnellt* ist und gefährlich werden könnte. Der Runendeutung zufolge steht das S für *Sieg*. Auch Vornamen wie *Siegfried, Sigrid* und *Sigmund* gehen auf das altdeutsche *sigu* = *Sieg* zurück.
Das S ist aufgrund seiner geschwungenen Form ein kraftvoller Buchstabe, der auch *Schnelligkeit* ausdrückt: *sausen, schießen, strahlen.*
Der Buchstabe besteht aus zwei gegenüberliegenden Halbkreisen, die in unterschiedliche Richtungen geöffnet sind. Die Ganzheitlichkeit des S können wir im Yin-Yang-Zeichen erkennen. Das S taucht innerhalb dieses Symbols auf und verbindet die weibliche mit der männlichen Energie.

Die Essenz

Das Bild	Das S symbolisiert ...	Werbenamen
Das S hat die Form einer aufgerichteten Schlange.	**Schlange** (Wandlung, Heilung) **Sieg** **Schnelligkeit** **Wachsamkeit und Kontrolle** (vgl. das Paragraphenzeichen)	Schöller Signal SMA Smart Smarties Sparkasse

Das S hat viele Gesichter. Es taucht in zahlreichen Symbolen und ikonografischen Zeichen auf, beispielsweise:

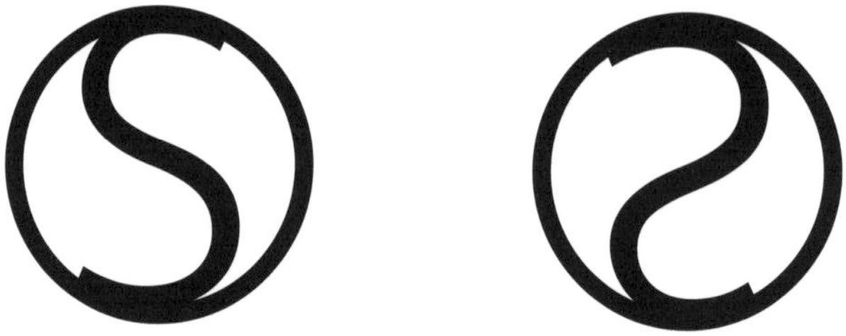

Ziehen wir einen Kreis um das S, entsteht ein gespiegeltes Yin-Yang-Zeichen.

Das S und die Schlange in der Medizin. Der Äskulapstab und die Äskulapschlange stehen für Heilung.

Das S taucht im Zeichen für Unendlichkeit auf. Yin-Yang, Heilung und Unendlichkeit gehören in einen Kontext.

Zwei aufgerichtete Schlangen ergeben ein Paragraphenzeichen. Das S steht hier für Kontrolle.

Das Fragezeichen besteht aus einem gespiegelten S mit einem Punkt darunter. Dieser steht für Positionierung. Aus einer festen Position heraus können Fragen gestellt werden.

Die Sparkasse bedient sich des Buchstabens S. Der Punkt oben verstärkt das Moment der Wachsamkeit.

$

Das S taucht im Dollarzeichen auf.

Beispiele:
Sparkasse und **Sparda** stehen für **Wachsamkeit** und **Kontrolle**. Wer spart, passt auf sein Geld auf oder lässt darauf aufpassen.
SMA entwickelt alternative Energien. Diese stehen für **Wandlung** im Umweltbewusstsein.

Die Qualität des Buchstabens T

Die Waagrechte des T läuft die Himmelslinie entlang und ist durch eine Senkrechte mit der Erde verbunden. Das T hat als zwanzigster Buchstabe im Alphabet die Quersumme 2, in der Numerologie steht diese Zahl für *Trennung, Teilung* und Dualität. Das T ist weder Himmel noch Erde. Logischerweise wird so der *Tod* mit T geschrieben und in *tot* kommt das T gleich zweimal vor. Vorwärts und rückwärts gelesen: tot bleibt tot. Auch das Wort *Teufel*, das für *Teilung* steht, beginnt mit einem T.
Der Buchstabe T steht für Klarheit und Zentrierung. Im kleinen t vereinigen sich Senkrechte und Waagrechte zu einem Kreuz. Das Kreuz ist ein Zeichen besonderer Kraft. Nicht umsonst hat sich das Christentum dieses „Logos“ bedient. Mit dem Kreuz haben wir eine Mitte, wir können uns kon*zentrieren*. Essenz und Zentrierung bedeuten viel Kraft: *Tat*-Kraft, *Tun*, *Treffer*. Weitere prägnante Worte mit T, die große Kräfte bezeichnen: *Taufe, Technik, Telepathie, Temperament, Tempel, Terror, Trieb* und *Tyrann*.
Vornamen, die mit T beginnen, tragen diese Kräfte in sich. *Theo* kommt vom altgriechischen *theos = Gott. Thorsten* geht auf altnordisch *thorr = der Donner* und *Donnergott* zurück. Auch das Thema Dualität und Trennung kommt in

manchen Vornamen vor, beispielsweise im Namen *Thomas*, von aramäisch *teoma = der Zwilling*.

Die Essenz

Das Bild	**Das T symbolisiert ...**	**Werbenamen**
Die Waagrechte des T läuft die Himmelslinie entlang und ist durch eine Senkrechte mit der Erde verbunden. Ein kleines t ist ein Kreuz.	**Trennung** **Tod** **und** **Neuanfang** **Tat, Tun, Treffer**	Telekom Tempo Tesa Titanic TomTom Toshiba Toyota Tchibo TUI Twix

Beispiele:
Mit **TUI trennen** wir uns vom Alltag.
Mit **Tesa** fügen wir **Getrenntes** wieder zusammen.

Die Qualität des Buchstabens U

Der Selbstlaut U ist der tiefste Vokal mit einem dunklen Klang. Er steht für Trieb und Instinkt und symbolisiert weibliche Energie (*Uterus*) und *Ursprungskraft*. Das U steht auch für Weisheit – wie der Nachtvogel *Uhu*, der zur Ordnung der Eulen gehört, die Weisheit und damit *Ursprünglichkeit* symbolisieren.
Das U sieht aus wie ein Behälter, in welchem Kraft gehalten wird. Energie- und gehaltvolle Worte wie *Unterbewusstsein, Unterleib, Ur, ursprünglich, Urwald* und auch *Universum* beginnen nicht zufällig mit einem U.
Der Vorname *Ulf* kommt aus dem Altnordischen von *ulv* und heißt *Wolf*. Dieses Tier symbolisiert Trieb- und Instinkthaftigkeit. Ähnlich verhält es sich mit *Ursula*, gebildet aus dem lateinischen *ursa*, was *die Bärin* bedeutet. Auch

der Bär steht für Ursprünglichkeit und Kraft und wurde zudem in der nordischen Mythologie als Gott verehrt.

Die Essenz

Das Bild	Das U symbolisiert ...	Werbenamen
Dargestellt durch eine Kurve/einen Bogen.	**Unbewusstes, Tiefe, Trieb und Instinkt** **weibliche Spiritualität** (Ursprung, Uterus)	UBS UFA Uhu Underberg Unilever UPS Uvex

Beispiel:
Underberg bedeutet „unter dem Berg“ = **Tiefe**.

Die Qualität des Buchstabens V

Das V gleicht einem nach unten spitz zulaufenden Trichter, in welchem die Energie aufgefangen und gespeichert werden kann. Spreizen wir unseren rechten Zeige- und Mittelfinger, so entsteht ein V, das das Zeichen für *Sieg* ist, englisch *victory*. Die Namen *Viktor* und *Viktoria* gehen ebenfalls auf diese Bedeutung zurück. Das V ähnelt auch einem spitz zulaufenden Pfeil, es fokussiert sich auf einen Punkt.
Der Anfangsbuchstabe V drückt insbesondere in der Vorsilbe *ver-* einen Wandel aus. *Ver-* bedeutet unter anderem *heraus, vorbei, weg, voraus, über* und *hinaus*. Mit dem *Verlust ver*geht die *Lust*. Oder umgekehrt ausgedrückt: Mit dem Verlust der Lust kommt erst der Verlust.
Das V wird oft, wie auch bei *Viktor,* als W gesprochen. Zeichnen wir ein doppeltes V, so entsteht ein W. Das W seht für Führung und *Willen*.

Die Essenz

Das Bild	Das V symbolisiert ...	Werbenamen
Das V gleicht einem nach unten spitz zulaufenden Trichter, in dem Energie aufgefangen wird. Der Trichter ist auf einen Punkt ausgerichtet. Das V ist als Victory-Zeichen bekannt.	**Sieg** **Fokussierung**	Varta Viagra Volvo VW

Beispiele:
Viagra behebt Erektionsschwächen = **Sieg**, impotente Männer fühlen sich oft als Verlierer.
Volkswagen fokussiert sich darauf, „Wagen für das Volk" zu bauen.

Die Qualität des Buchstabens W

Das W wird aus einem doppelten V gebildet und besitzt deshalb auch dessen Qualitäten. Nach der Runendeutung ist das W als Halbvokal mit dem U verwandt. Es „verbindet Vokal (Seele) und Konsonant (Geist) nach unten hin" und ist der „Anlaut von Wotan, dem Wütenden ...".[67] Das W steht für *wild, willkürlich, Wut*, aber auch für positive Kräfte, wie wir sie in der Tiefe des *Waldes*, in *Wahrheit* oder im *Willen* finden. Einen festen Willen besitzt auf jeden Fall *Willi*, und auch *Wilhelm* und *Wiltrud* mangelt es nicht daran. Sie gehen *Wagnisse* ein, um *Widrigkeiten* und *Widerstände* zu über*winden* und *Wandlungen* zu vollziehen. Die Namen gehen auf althochdeutsch *willio* = *Wille, Entschlossenheit* zurück.
Das W steht auch für Bewegung – wie die *wogenden Wellen* und der *wehende Wind*.

[67] Zoltán Szabó, Ingrid Szabó, *Geheimnis der Vornamen*, S. 25.

Die Essenz

Das Bild	Das W symbolisiert ...	Werbenamen
Das W wird als Druckbuchstabe aus einem doppelten V gebildet (siehe V, Seite 129). Das handschriftliche W gleicht einem doppeltem U (im Englischen wird es deshalb double-u genannt, siehe U, Seite 128).	**Wagnis, Wille** **Wandlung, Wahrheit** **Ursprünglichkeit**	Wasa Whiskas Wikipedia Wodka Gorbatschow

Beispiel:
Wikipedia sammelt Wissen = **Ursprünglichkeit.**

Die Qualität des Buchstabens X

In der Mathematik steht der Buchstabe X für jede *x-beliebige* Zahl. Das X ist das Zeichen für die große Unbekannte, nach welcher die geplagten Schüler zum *x-ten* Male suchen sollen. X kann alles Mögliche bedeuten:
Unter anderem steht das X als römisches Zahlzeichen auch für 10. Als griechisches *chi* ist es Bestandteil des *Christus*monogramms *XP*. In der Genforschung bezeichnet X ein Chromosom, und zwei X-*Chromosome* bestimmen das weibliche Geschlecht. In der Chemie steht X für das chemische Element *Xenon*. Als Verkehrszeichen taucht das X im Andreaskreuz vor Bahnübergängen auf, um vor kreuzenden Zügen zu warnen.
Das X besitzt ebenfalls Qualitäten wie Festigkeit und Stabilität. Wenn wir mit gespreizten Beinen dastehen und unsere Arme ausgebreitet in die Höhe strecken, dann fühlen wir uns unumstößlich – wie ein X.
Unumstößlich scheint auch Xanthippe, die Frau des Philosophen Sokrates, gewesen zu sein. Sie gilt laut *Duden Herkunftswörterbuch* als Synonym für *zanksüchtige Frau.*[68] Es existieren nur wenige Wörter und Vornamen, die mit einem X beginnen. Damit ist ein X auch immer ein Zeichen für Seltenheit, es steht für etwas Besonderes.

---

68. Duden, *Das Herkunftswörterbuch*, S. 937.

Die Essenz

Das Bild	Das X symbolisiert …	Werbenamen
Zwei Diagonale kreuzen sich.	**Unumstößlichkeit, Stabilität** **Seltenheit, etwas Besonderes**	X-tra Xenon Geox

Beispiele:
Geox verkauft unter anderem haltbare Wanderschuhe = **Stabilität.**
X-tra will als etwas **Besonderes** gelten.

Die Qualität des Buchstabens Y

Das Y ist der zwanzigste Buchstabe im griechischen Alphabet. Die Etrusker gaben das Y an die Römer als Ü weiter. Es bedeutet so viel wie *kahles Ü* im Sinn von *nacktes Ü*, wohl weil ihm die Pünktchen fehlen. Es wird meist wie ein J gesprochen, siehe die Worte *Yin* und *Yang*, im Fall der Vornamen *Yves* und *Yvonne* allerdings wie I. Im Französischen heißt das Y *igrec*, wörtlich übersetzt: *griechisches I.* Es gibt keine deutschen Wörter, die mit Y beginnen. Er wird ausschließlich in Lehnwörtern verwendet und ist nach dem Q und X der drittseltenste Buchstabe.
Aufgrund der gemeinsamen Entstehungsgeschichte gelten für das Y in gewisser Weise auch die Qualitäten der Buchstaben U und I, die auf der Tonleiter der Vokale eigentlich komplett entgegengesetzt angesiedelt sind. Das U symbolisiert Tiefe, so wie das Yin, das nach der chinesischen Philosophie die dunkle weibliche Kraft verkörpert. Das I steht analog zum Yang für die lichte männliche Urkraft und das schöpferische Prinzip.
Abgesehen davon, dass das *Y-Chromosom* für den männlichen Nachwuchs verantwortlich ist, tragen auch deutsche Militärfahrzeuge das Kennzeichen Y. Bekanntlich werden Kriege vornehmlich von Männern geführt. Diese männliche Kraft taucht auch im Vornamen Yves auf, der im übertragenen Sinn *Bogenschütze* bedeutet. Im Althochdeutschen ist er als *Ivo* bekannt.

Die Essenz

Das Bild	Das Y symbolisiert ...	Werbenamen
Als Druckbuchstabe gleicht das große Y einem v, das auf einer kurzen Senkrechten steht. Energie wird von oben empfangen.	Es vereint **männliche Kraft** (Y-Chromosom) und **weibliche Kraft** (Qualitäten des Vokals U). Im Griechischen bedeutet *Ypsilon = schlichtes I.* Das französische Y heißt *igrec = griechisches I.* Das Y besitzt deshalb auch die Qualitäten des Vokals I: **Intuition** und **Ichstärke.** Im Druckbuchstaben Y ist das V enthalten, das Y steht auch für **Energie** und **Zielgerichtetheit.**	Yahoo! Yamaha

Beispiele:
Yahoo! ermöglicht die **zielgerichtete** Suche.
Eine **Yamaha** gibt dem **Ich** Stärke.

Die Qualität des Buchstabens Z

Das Z wird in der Buchführung oder auch beim Ausfüllen von Schecks als Symbol zur Kennzeichnung von Freiflächen verwendet, die nicht mehr nachträglich beschriftet werden sollen. Das Z ist also nicht nur der letzte Buchstabe im Alphabet, sondern markiert auch noch ein Ende und schafft Klarheit durch Begrenzung. Das Wort *Zentrum* definiert deutlich, was *zentriert* ist und was nicht.
Viele Worte, die mit Z beginnen, haben die Vorsilbe *zer-*. Diese steht dafür, dass ein Ganzes in seine Teile *zerlegt* wird und/oder dass etwas auseinandergeht – so wie bei *zerfallen* oder *zerfließen*. Auf ein Auseinander folgt aber

auch wieder ein *Zusammen*. Neue Ziele werden definiert. Das drückt sich auch in den Begriffen *zur* und *zum* aus.
Der Name *Zita* steht ebenfalls für Neuanfang und Leben; ebenso der Vorname *Zoe*, der aus dem Altgriechischen kommt und *Leben* bedeutet.
Ein Z machen wir häufig mit zügiger Schrift. Das geht *zickzack*. Die Kraft des Z ist *zügig* und *ziehend*. So verwundert es nicht, dass ein Gerechtigkeitskämpfer den Namen *Zorro* trägt. Dieser hinterlässt mit *Zorn* sein *Zeichen* Z an Kampfplätzen. Begriffe wie *züchtigen* und *zanken* gehören zur Kraft des Zorns und zur Qualität des Anfangsbuchstaben Z. Auch im Neuen Testament werden im apokalyptischen Teil häufig die drohenden Worte „da wird ein *Zittern* und *Zähneklappen* sein" verwendet.

Die Essenz

Das Bild	Das Z symbolisiert ...	Werbenamen
Das spiegelverkehrte, langgestreckte Z wird auch Buchhalternase genannt und dient zur Kennzeichnung von Freiflächen.	**Begrenzung, Zentriertheit** **Neubeginn, Ziel**	Zara Zewa Zitty Zippo Zurich

Beispiele:
Die Versicherung **Zurich** wirbt mit dem Slogan „Change happenz" für den **Neubeginn.**
Im Stadtteilmagazin **Zitty** wird das **neueste** Programm Berlins angeboten.

Die Tonleiter der Vokale[69]

Der Ton macht die Musik! Welchen Ton können wir mit welchem Vokal anschlagen? Mit einem I können wir in höchsten Tönen jubeln und mit einem U in die Tiefe gehen! Hat ein Wort viele Vokale, wie etwa der Name Julia, geht es die Tonleiter der Vokale rauf und runter. Wir erreichen also das

69. Vgl. Joachim Schaffer-Suchomel, *Nomen est Omen*, S. 658 ff.

Gegenteil von Ruhe. Schauen Sie sich sprudelnde, lebendige südländische Sprachen an. Die vielen Vokale beispielsweise der italienischen Sprache vermitteln ein völlig anderes Temperament als eine Sprache aus dem hohen Norden, die im Vergleich ruhig, bedacht und klar klingt.

Das U – der dunkelste Vokal

Wollen wir jemanden erschrecken, so rufen wir: „Hu(ch)!" Das U ist dunkel, es symbolisiert Ursprung und Unterbewusstsein, mit ihm lassen sich am ehesten auch dunkle Gefühle wie Trauer oder Sehnsucht ausdrücken. Untersuchungen von Wissenschaftlern aus den USA haben ergeben, dass Menschen, deren Vorname mit einem U beginnt, in der Schule und auch im Leben nicht so häufig aufgerufen und angesprochen werden.[70] Vor Tiefe haben wir anscheinend gerade in einer zu Oberflächlichkeit tendierenden Leistungsgesellschaft Respekt.
Der Umlaut Ü, manchmal auch *ue* geschrieben, ist hingegen um einiges heller.

Das O

Mit einem „Oh!" drücken wir Gefühle von Erstaunen und Überraschung aus. Es vermittelt sowohl Kreativität als auch Vollkommenheit und steht für Gefühl und Leidenschaft.

Das A

Mit einem „Ah!" quittieren wir Aha-Erlebnisse. Das A steht für Anfang und als erster Buchstabe im Alphabet auch für den Anfang des Lebens, das voller Aha-Erlebnisse ist. Mit einem „Ha!" öffnen wir unser Herz, deshalb wird dieser Laut zum Beispiel in der Atemtherapie genutzt. Das A steht für Größe. Mit vielen „Ähs" bekunden wir während des Sprechens, dass wir nicht wissen, wie es weitergeht und immer wieder nach Halt suchen. Mit einem „Ätsch!" drücken wir Schadenfreude aus.

---

70. B. W. Pelham, M. C. Mirenberg, J. K. Jones: „Susie sells seashells by the seashore: Implicit egotism and major life decisions". In: *Journal of Personality.* 2002.

Das E
Das E ist der Kehle zugeordnet, mit der die Stimme gebildet wird. Mit einer klaren und deutlichen Stimme können wir mit Bestimmtheit auftreten und unserer Bestimmung folgen. Das E zählt zu den hellen Vokalen (vgl. I).

Das I – Gegenpol zum U
Mit einem schrillen I können wir ein U wieder ausgleichen. Das I ist hell, klar und kühl. Mit hellen Vokalen drücken wir Freude und Leichtigkeit aus.

Die Kraft der Buchstabenkombinationen

Auch Kombinationen von Buchstaben lösen bestimmte Assoziationen aus:

al
Steht für **al**les.
Beispiele: **Al**natura: Alles ist Natur; **Al**di: „Alle die" sollen bei Aldi einkaufen.

am
Aus dem Lateinischen kommend, bedeutet *um, herum, ringsum* – verwandt mit *bei.* Vorangestellt wie bei **Am**elie oder als Nachsilbe gibt **am** das Gefühl, angekommen und verbunden zu sein.
Beispiel: Osr**am**, ohne Verbindung fließt der Strom nicht.

an
Etwas ist **an**, eingeschaltet, präsent.
Beispiel: Tigu**an**, der Tiger ist los.

ar
Von lateinisch *area*, bedeutet *freie Fläche* sowie *öffentlicher Platz.* Die Silbe **ar** verlangt also viel Raum, strebt in die Öffentlichkeit und braucht Aufmerksamkeit. Betrachten Sie das Wort **Ar**ie: Wer eine Arie schmettert, erfüllt den ganzen Raum und will von allen gehört werden.
Beispiele: Die Zeitschrift **Ar**t und der Fernsehsender **Ar**te richten sich mit ihren Informationen ebenfalls an die Öffentlichkeit.

as

Ein **As** ist der höchste Trumpf im Kartenspiel. Die Silbe **as** öffnet das Bild von Höchstleistung und Zielbewusstsein. In der Runendeutung steht die Buchstabenkombination für die **As**en, das nordische Göttergeschlecht.
Beispiele: Das As unter den Hotels: **As**toria (auch als Zigarettenmarke bekannt); **As**tra

au

Au(e), Flusslandschaft, steht symbolisch für Weite, Fruchtbarkeit. Mit dem Schmerzensruf „**Au**a!“ schreien wir zudem nach Befreiung vom Schmerz – dieser **Au**sruf hat kompensatorischen Charakter.
Beispiel: „**Au**rora mit dem Sonnenstern“ vermittelt Sonne und Weite; **Au**ris, eine Automarke, die weltweit verkauft wird

ax

Steht für Trennung, wie mit einer **Ax**t vollzogen.
Beispiele: **Ax**e bewahrt vor Schweißgeruch und Blend**ax** vor Zahnbelag.

br

Wie **br**emsen, **br**echen, **br**achial, **br**ennen. Mit einem „**Br**rrr!“ können wir Pferde zum Stehen bringen und Aufmerksamkeit erzeugen. Die Silbe **br** erinnert auch an das englische ***br**ight* = *hell, glänzend, leuchtend, fröhlich* oder auch *intelligent*.
Beispiel: Die Zeitschrift **Br**igitte weckt Aufmerksamkeit – als intelligentes Hoch*glanz*magazin.

dor

Von altgriechisch ***dór**on* = *Geschenk*, siehe im Vornamen **Dor**othea = *Geschenk Gottes*. ***D’Or*** kommt außerdem aus dem Französischen und bedeutet *aus Gold*.
Beispiele: Arcan**dor** (unter anderem Kaufhauskette), **Dior**, Cote **d’Or** (belgische Schokoladenmarke)

dr

Wie **dr**ehen, **dr**ücken, **dr**ängen. Mit **dr** wird Energie beschleunigt, Kräfte werden zum Drehen gebracht. Worte mit dieser Buchstabenkombination können auch auf**dr**ingliche beziehungsweise eindringliche Bilder erzeugen. Beispiel: alessan**dr**o – mit diesem Parfum finden Sie den Dreh zu mehr Gefühl und Leidenschaft!

er

Drückt männliche Tatkraft aus.
Beispiel: Pet**er** Stuyvesant; Peter ist der Archetyp des Machers.

es

Die Silbe **es** steht für das Unbewusste, für das Kind, den Flow/Fluss.
Beispiel: Aquapur**es** (Forschungsprojekt zur Wasserreinigung, Namensfindung durch den Autor): Das Wasser (Aqua) wird rein (pur) gemacht, damit **es** wieder gut ist und **es** gut fließt.

gr

Für Dunkles wie **gr**au, **gr**ausam, **gr**ässlich, **Gr**äuel, **gr**useln, **gr**ollen, **gr**übeln, **Gr**otte, **Gr**ube oder für Helles wie **gr**ell. Energie wird gehalten, siehe **Gr**und, **gr**eifen, **Gr**azie, **gr**ün, **Gr**uppe.
Beispiele: Via**gr**a

ing

R**ing**, K**ing**, s**ing**, b**ing**, schw**ing**, kl**ing**. D**ing**e rund machen und Verb**in**dun**g**en schaffen.
Beispiel: **ING** -DiBa, die Direktbank schafft die richtigen Verbindungen.

-i

Das -i als Endung dient zur Verniedlichung oder zur Verstärkung.
Beispiele: Ald**i**, Aud**i**, Bruno Banan**i**

ia, ja

Steht für **Ja** und Lebensbejahung.
Beispiele: **Ja**!-Produkte der Handelskette Rewe; Insign**ia** (der neue Opel)

im, in, en
Innen, drinnen sein, hinein.
Beispiele: **In**signia (Opel); **en**tra: Die Unternehmer-Entwicklung geht in Unternehmen (**en**), um Entwicklung zu steuern, findet den Dreh (tr) und öffnet Wege (siehe unter ra).

-ion
Mit der Endung -**ion** erfolgt eine Abrundung.
Beispiel: Intuiti**on** (Parfum): Es geht die Tonleiter der Vokale rauf, runter und wieder rauf, doch mit -**ion** wird ein guter Abschluss gefunden und mit Gefühl (dafür steht der Vokal O) abgerundet.

is
Vorangestellt oder als Nachsilbe, in der Runendeutung steht diese Buchstabenkombination dafür, zielgerichtet und siegessicher zu sein. **Is** bringt Geschwindigkeit in ein Wort.
Beispiele: Aur**is**, Glor**is**

ju, yu
Wie **Ju**bel, **Ju**hu, **Ju**welen (ein Grund zum **Ju**beln!).
Beispiele: For**You**, wenn endlich etwas ausdrücklich für dich ist, löst das natürlich Jubel aus; **You**Tube

kn
Bei der Aussprache von **kn** drücken wir unsere Zunge an den Gaumen. Etwas wird zusammengezogen, es wird **kn**app gehalten. Wenn es zu eng wird, kommt der **Kn**all!
Beispiele: Eisbär **Kn**ut ist zum **Kn**uddeln. **Kn**orr ist ein Suppenextrakt.

-le, -lein, -chen
Mit den Diminutivsuffixen werden Begriffe verkleinert/verniedlicht.
Beispiele: Mithilfe der Suffixe -**le** und -**lein** wird eine Verkleinerungsform (Diminutiv) gebildet wie etwa bei den Markennamen: Söhn**lein** und Goog**le**. Auch der Name Nest**lé** hat eine entsprechende Endung. Allerdings muss die Verkleinerung immer in den Kontext passen und mit der inhaltlichen Botschaft des Webenamens übereinstimmen. Es kommt also darauf an,

welche Bilder mit der Verkleinerungsform erzeugt werden sollen. Nestlé wurde besonders bekannt durch seine Babynahrung, hier passt die Assoziation klein und niedlich. Nestlé kommt übrigens von dem historischen Beruf Nestler, diese handelten früher mit Schnürbändern, zum Beispiel für Mieder und Schuhe.[71]

ma, mo
Steht für **Ma**ma, das Mütterliche, **Ma**terie, Geborgenheit, Genuss.
Beispiele: **Maoam**, Ra**ma** – es schmeckt wie bei Mama.

man
Der **Man**n, alles Männliche.
Beispiele: **MAN**, **Man**nes**man**n – männlicher geht es nicht.

min
Kurzform für **min**dern, **min**imieren.
Beispiel: Dolor**min**, damit werden Schmerzen ge**min**dert.

on
Eingeschaltet, an, präsent sein.
Beispiel: E.**ON**, „am Netz sein" und den Strom einschalten können.

pr
Mit „**Br**rrr!" wird Kräftiges gestoppt/angehalten.
Beispiele: **Pr**ostagut stoppt Beschwerden mit der Prostata. Mit **Pr**il wird alles porentief rein und Schmutz abgewehrt.

ra
Am Anfang, in der Mitte des Worts oder als Endsilbe. Etwas in uns wird mit K**ra**ft hinausgeschleudert: **Ra**che, Sp**ra**che.
Beispiele: **Ra**chengold, damit der Rachen wieder frei ist; Viag**ra**

71. Vgl. Hans Bahlow, *Deutsches Namenlexikon*, S. 355.

sp

Der Buchstabe P stoppt die Energie des schnellen S.
Beispiele: **SP**AR; **Sp**arkasse: Durch Sparen wird Geld zusammengehalten. Die Zeitschrift Der **Sp**iegel: Ein Spiegel kann uns veranlassen, innezuhalten, um uns zu betrachten und zu reflektieren. Der Spiegel soll zum Nachdenken anregen.

st

Stabil, **st**ill, **st**ehen, **st**umm, **st**eif, **st**ocksteif.
Beispiel: ThyssenKrupp Niro**st**a – nichts ist stabiler als **St**ahl.

tr

Ähnlich wie bei **dr** haben wir auch beim **tr** ganz schnell den **Dr**eh raus. Mit einem **Tr**ick versuchen wir einer ausweglosen Situation zu en**tr**innen. Der Kasperle beginnt sein neues Theaterstück mit einem **Tr**itratrullala. Die Buchstabenkombination steht für **Tr**iumph.
Beispiele: **Tr**abant; **Tr**iumph (Motorrad, Wäsche)

ul

Symbolisiert die E**ul**e = Weisheit.
Beispiel: **Uhl** Technik, ein Name, der viel Wissen hinter der Technik vermuten lässt.

ung

Am Anfang von Worten stehend oder als Endsilbe zur Hauptwortbildung. Wie **ing** wirkt **ung** abrundend, geht aber in der Tiefe.
Beispiele: **Ung**er (Autoteile); **Ung**er (Reinigungsproduktion), besonders beim Reinigen wird Tiefe verlangt.

ur

Steht für **ur**sprünglich, p**ur**.
Beispiel: Aquap**ur**es (Projekt des Forschungszentrums Dresden)

us

Steht für das Kollektive, englisch ***us*** = *wir*.
Beispiele: Aureli**us** (Uhrenmarke), Pl**us**, Foc**us** (Zeitschrift)

vit
Kurzform für **Vit**alität.
Beispiel: Aqua**vit**, mit gutem Wasser vital bleiben.

via
Das lateinische ***via*** bedeutet *Weg, Straße*. In der Werbung zeigt es Wege auf.
Beispiel: **Via**gra

Teil III: Beispiele und Tipps

Kreation des Werbenamens – ein Fallbeispiel

ALBAGUT
Ein landwirtschaftlicher Großbetrieb sucht nach einem Namen für ein neues Produkt: ein Tierfutter, das aus dem bei jeder Ernte anfallenden pflanzlichen Kompost hergestellt wird. Neuerdings kann dieser „Abfall" zu Futtermittel verarbeitet werden, ein ökologischer Fortschritt!

1. Schritt: Welche zentralen Begriffe beschreiben Ihre Firma oder Ihr Produkt?

Wir reduzieren den Sachverhalt auf einen zentralen Begriff, der als Leitwort über dem Ganzen stehen kann. Nehmen Sie sich Zeit für die Auswahl und machen Sie – wenn möglich – ein Brainstorming mit Ihrem Team (siehe auch „Impulse für die Praxis", Seite 13). In unserem Fallbeispiel einigen wir uns auf den Oberbegriff: *Abfall.*

2. Schritt: In welche Wortbestandteile lässt sich der gefundene Begriff zerlegen?

Jetzt beginnt das Spiel mit den Buchstaben. Wir zerlegen das Wort *Abfall* in seine Einzelteile.

Worte in Abfall
Ab, Fall und *All.*

Anagramme in Abfall
Als Anagramme bezeichnen wir Wörter, die durch Buchstabenumstellung entstehen. Am stärksten wirken jene Anagramme, bei denen alle Buchstaben des Ursprungsworts Verwendung finden. Beispielsweise kann aus dem englischen Wort *heart = Herz* das Wort *earth = Erde* entstehen.
In Abfall sind folgende Anagramme enthalten: *Lab, Ball* und *Alba.*

3. Schritt: Welchen Inhalt transportieren die einzelnen Wortbestandteile?

Die Bedeutung der Wörter und Anagramme
Wir fragen: Was haben die Wörter und Anagramme im Begriff Abfall mit dem Produkt zu tun? Welches Wort kommt unserer Werbebotschaft am nächsten und hat somit die stärkste Aussagekraft?
Wir können folgende Nachschlagewerke nutzen:

- Herkunftswörterbücher der deutschen Sprache,
- Nachschlagewerke über die Herkunft von Vor- und Familiennamen,
- Nachschlagewerke über die Herkunft geografischer Namen,
- Synonymlexika und viele andere mehr.

Weitere Empfehlungen finden Sie in der Literaturliste im Anhang (Seite 175).

Wir klären die **Bedeutung der Wörter** in Abfall:
ab = weg von
Fall = fallen
All = das All und *alles*
Aus allen drei Worten ergibt sich der Kontext: *Alles*, was *ab-fällt*. Übrig bleibt am Ende das Futtermittel.

Wir klären die **Bedeutung der Anagramme** in Abfall:
Lab = Bezeichnung des in der Käseherstellung verwendeten Ferments. Schnell assoziieren wir das Verb *laben*, das etymologisch von *waschen* kommt und im Wort *Labsal = Erquickung* auftaucht. Hier ergibt sich ein qualitativer Zusammenhang mit dem Produkt. Futter soll schließlich auch schmecken, auch wenn es aus Abfall hergestellt wird. *Lab* hat mit Essen zu tun.
Ball = keine Verbindung zum Produkt.
Alba = ist ein Vorname lateinischen Ursprungs, *albus, alba, album = weiß*. Mit diesem Wort assoziieren wir Reinheit. In Bezug auf unser Produkt stellen wir den Kontext her, dass Abfall veredelt wird. Das ist ein guter Zusammenhang.

Wahl des Namens
Aus den genannten Gründen entscheiden wir uns für Alba. Die Aussage, die das Wort mittransportiert, lässt sich am besten auf unser Produkt übertragen.

4. Schritt: Machen Sie einen rechtlichen Check!

Markennamen können Sie schützen lassen. Holen Sie tief Luft, jetzt kommt ein langer Gesetzestext ohne Punkt: „Als Marke können alle Zeichen, insbesondere Wörter einschließlich Personennamen, Abbildungen, Buchstaben, Zahlen, Hörzeichen, dreidimensionale Gestaltung einschließlich der Form einer Ware oder ihrer Verpackung sowie sonstige Aufmachungen einschließlich Farben und Farbzusammenstellungen geschützt werden, die geeignet sind, Waren oder Dienstleistungen eines Unternehmens von denjenigen anderer Unternehmen zu unterscheiden." (Markengesetz § 3 Abs.1.9) Dabei sollten Sie berücksichtigen, dass Ihr Werbename nicht zu beschreibend sein darf und einen gewissen „Schöpfungsgrad" aufweisen muss, wenn Sie ihn schützen lassen wollen. Das vollständige Gesetz über den Schutz von Marken und sonstigen Kennzeichen finden Sie übrigens im Internet unter http://bundesrecht.juris.de/markeng/. Schützen lassen können Sie Ihre Marke beim Deutschen Patent- und Markenamt (www.dpma.de).
Ganz wichtig: Recherchieren Sie rechtzeitig im Internet, ob Ihr Werbename bereits vergeben ist. Auf der Website des Deutschen Patent- und Markenamts (http://www.dpma/marke/recherche/index.html) finden Sie weitere wichtige Hinweise für Ihre Recherche sowie eine Suchmaschine und diverse Datenbanken, die Sie bei der Suche unterstützen. Versäumnisse sind Zeitverschwendung, können Ihnen teuer zu stehen kommen oder zu großer Frustration führen. In vielen Fällen, besonders wenn Sie sich in rechtlichen Angelegenheiten unsicher fühlen, ist es sinnvoll, einen Anwalt zurate zu ziehen.
Eine Band namens *Avalon* aus Hessen musste, nachdem sie sich nach jahrelangen Auftritten regional einen guten Namen aufgebaut hatte, diesen wieder ablegen, da bereits eine Musikgruppe mit demselben Namen existierte und sich diesen schlauerweise hatte schützen lassen. „Wer zuerst kommt, mahlt zuerst!"
So müssen auch wir leider feststellen, dass eine Containerfirma für Abfallbeseitigung den Werbenamen Alba bereits nutzt und dass sie den Namen

zudem hat schützen lassen. Das bedeutet aber noch lange nicht, dass wir die Idee verwerfen müssen!

5. Schritt: Gehen Sie kreativ mit Ihrer Namensidee um!

Nutzen Sie die Sprachenvielfalt!
Als Alternative können wir uns in anderen Sprachen umsehen, zum Beispiel auf lateinische Varianten ausweichen und mit *albus* oder *album* weiterspielen. Albus heißt unter anderem *weißer Ausschlag*. Dieser Werbename könnte funktionieren, wenn wir ein Pharmaprodukt verkaufen wollten. Bei Album denken wir sofort an ein Fotoalbum, was ebenfalls vom Produkt wegführt.
Im Englischen findet sich auch nichts Verwertbares. So schauen wir uns italienische Varianten an. Da gibt es beispielsweise das Wort *albino = der Albino* oder *albume = Eiweiß*. Albino erzeugt Assoziationen, die mit unserem Produkt wenig zu tun haben. Jeder wird einen Menschen mit Albinismus vor sich sehen und in diesem Bild gefangen bleiben. Eiweiß passt gut zum Produkt, Albume hat aber nicht den besten Wohlklang.

Den Namen mit Buchstaben oder anderen Worten erweitern
Stellen wir einen oder mehrere Buchstaben voran, entstehen zum Beispiel die Wörter *Kalba, Halba, Stalba* etc.
Fügen wir einen oder mehrere Buchstaben hinten an, erhalten wir beispielsweise *Albar, Albas* oder *Albamo*.
Wir können auch Buchstaben einflechten. Da Alba aber ein in sich sehr geschlossenes Wort ist, passt kein Buchstabe wirklich gut hinein. Ob *Albka, Albra* oder *Alsba*, das klingt alles nicht wirklich gut.
Schließlich gibt es noch die Möglichkeit, Alba mit weiteren Wörtern zu kombinieren. Fügen wir Worte vorn oder hinten an, entstehen interessante Effekte. Wir probieren es mit dem Wort *gut*. Gut ist immer gut! Vorangestellt erhalten wir *Gutalba*, hinten angehängt entsteht *Albagut*.
Bei Gutalba könnte man an einen Gutshof namens Alba denken. Ganz gut, da Gutshof und Futtermittel miteinander in Verbindung stehen. Man könnte meinen, dass das Futter auf einem Gutshof hergestellt wird und dass das *Gut Alba* tatsächlich existiert.
Bei Albagut haben wir Alba um eine positive Affirmation bereichert. Ähnlich haben es wohl die Namensschöpfer bei einem Mittel gegen Prostatabe-

schwerden gemacht: *Prostagut.* Positive Verstärker haben stets eine gute Wirkung.
Wir könnten das Wort gut auch noch verfremden, so entstünde dann *guth*, *gutt* oder Ähnliches. Oder wir können Buchstaben weglassen, etwa so: *Alb* oder *Albagu.* Erinnert sei hier an den weltbekannten Markennamen *Nivea*, dem ein U fehlt, aber unbewusst weiß jeder, dass *Niveau* gemeint ist. Oder an *Norma* für *Otto Normalverbraucher.* Wie bereits an vielen Stellen erwähnt, vervollständigen wir unbewusst und ganz automatisch, wenn Buchstaben oder Wortbestandteile weggelassen werden.
In unserem Fallbeispiel entscheiden wir uns nun für Albagut.

Ein weiteres Beispiel: Horsa
Gemeinsam mit den Inhabern einer Firma, die heute Reitartikel im Internet vertreibt, kreierte ich den Namen *Horsa* für einen Artikel, der dem Reiter als Rückenschutz dient (siehe unter www.horsa-protect.de). Der Name wurde von dem englischen Wort für *Pferd = horse* abgeleitet. Horsa ist positiv aufgeladen und erinnert an eine Sage, die von den rebellischen, freiheitsliebenden und selbstbewussten Angelsachsen Horsa und Hengist erzählt. Das Produkt profitiert von diesem positiven Kontext, der Name ruft Assoziationen wie große Freiheit und hohes Ansehen hervor.
Berücksichtigen Sie bei Ihrer Namenswahl, dass es immer besser ist, einen positiven Zusammenhang herzustellen. Rückenschmerzen oder körperliche Folgeschäden des Reitens zum Thema zu machen, wäre der Sache nicht dienlich gewesen. Wenn Sie ungute Gefühle beim Kunden wecken, wird dieser sie wahrscheinlich auf das Produkt übertragen.
Mark Leiblein von der Namensagentur Namestorm machte mich im Zusammenhang mit Horsa darauf aufmerksam, dass man prüfen müsste, ob der Name für die betreffende Warenklasse als Marke angemeldet werden kann oder ob er zu beschreibend ist. Ein Name muss, wie bereits erwähnt, einen gewissen „Schöpfungsgrad" aufweisen, damit man ihn eintragen und schützen lassen kann. Das sollten Sie auch bei Ihrer Namenswahl bedenken!

6. Schritt: Überprüfen Sie ob (Wohl)Klang und Inhalt Ihres Werbenamens in Einklang sind!

Checken Sie Ihren Werbenamen mithilfe der Tonleiter der Vokale!
Vokale geben den Ton an. Die Tonleiter der Vokale zeigt uns, was im Namen bestimmend ist. Wir fragen: Passt die Geschichte, die die Vokale erzählen, auch zur Botschaft, die wir mit unserem Werbenamen vermitteln möchten?

Tonleiter der Vokale: Albagut

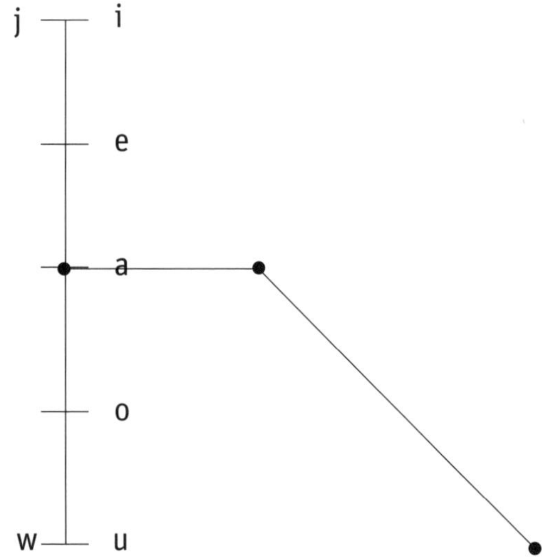

Die Tonleiter der Vokale von Albagut zeigt, dass es vom Vokal A hinunter zum U geht. Tief aus der Erde kommen auch die Pflanzen, die schließlich zu unserem Futtermittel verarbeitet werden. Das Wort gut gibt unserem Werbenamen Tiefe.

Weitere Beispiele:

Tonleiter der Vokale: Bruno Banani

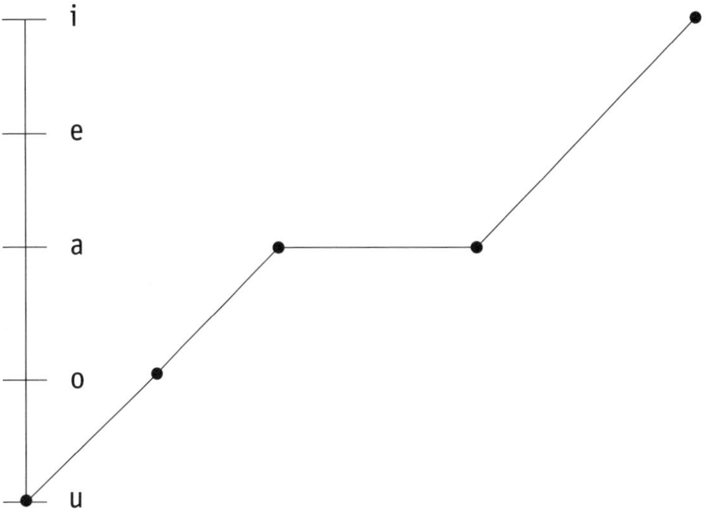

Bruno Banani geht auf den altdeutschen Namen *Brun* = *braun* zurück. „Brun war der Beiname des Gottes Odin und verhüllender Name für den Bären.“[72] Diese Deutung gibt dem Namen Tiefe. Odin ist der nordische Allvater, er gilt als „der Gott der Gehängten […], weil die Bäume seines heiligen Hains […] voller aufgehängter Menschenopfer waren. Das […] Drama jedes Opfers wiederholte Tod und Wiedergeburt Odins […].“[73] Auch der Bär wurde in der nordischen Mythologie als Gott verehrt.

Die dunklen Vokale in Bruno vermitteln ebenfalls Tiefe – das passt zu einem Parfum, das ja den Instinkt ansprechen soll. Über den Herzvokal A geht es dann zum höchsten Vokal hinauf, dem I. Ein Parfum soll unter anderem das Herz ansprechen und verführen. Außerdem braucht es Klarheit und soll unsere helle Seite hervorheben – der Vokal I steht für Intuition. Es gibt sogar ein Parfum mit Namen *Intuition*. Klarheit und Selbstbewusstsein spiegeln sich im großen I wider. Das englische *I* heißt *Ich* und steht für Willen. Die Vokale im Namen Bruno Banani stimmen mit der inhaltlichen Seite des Produkts in hohem Maße überein.

72. Duden, *Lexikon der Vornamen*, S. 80.
73. Barbara G. Walker, *Das geheime Wissen der Frauen*, S. 812.

Tonleiter der Vokale: Coca-Cola

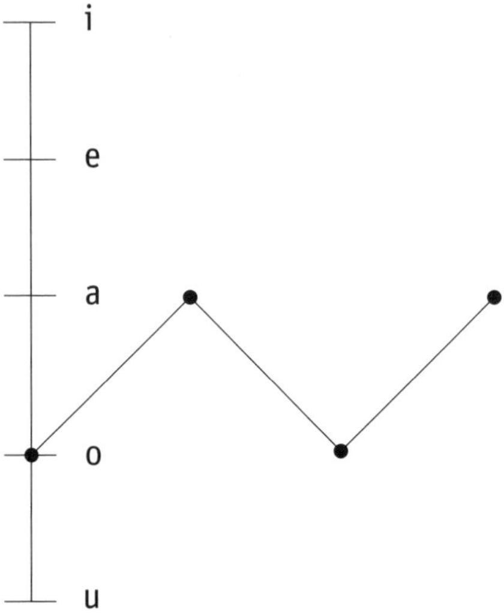

Die Tonleiter der Vokale des Werbenamens *Coca-Cola* zeigt eine harmonische Kurve. Das stimmt mit dem Flair von Coca-Cola, wie es in Werbeclips transportiert wird, überein: Eine Gruppe junger Menschen kommuniziert harmonisch, frisch und frei miteinander.

Die senkrechte Darstellung der Tonleiter der Vokale
Die Tonleiter der Vokale lässt sich auch in einer Senkrechten darstellen. Gerade Resonanzen von Doppelnamen können so leicht überprüft werden.

Tonleiter der Vokale: Bruno Banani

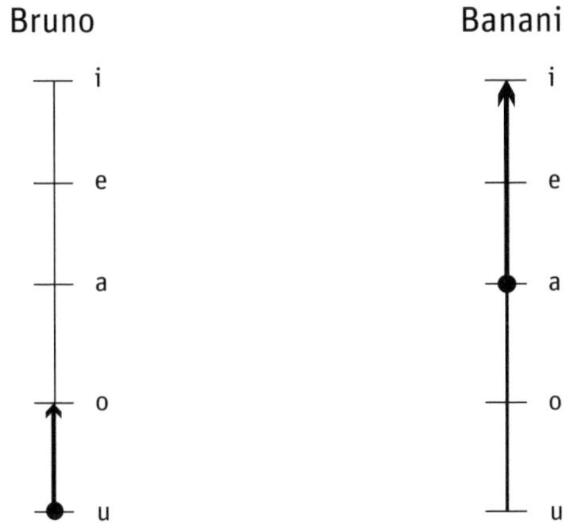

Dieses Modell verdeutlicht die Resonanzen zwischen Vor- und Familienname.

Checken Sie Ihren Werbenamen mithilfe des Resonanzbogens!
Der Resonanzbogen dient zur Verdeutlichung der Kraft der Konsonanten und Vokale in Doppelnamen wie Coca-Cola oder in Firmennamen, die aus Vor- und Familienname gebildet sind.

Resonanzbogen: Bruno Banani

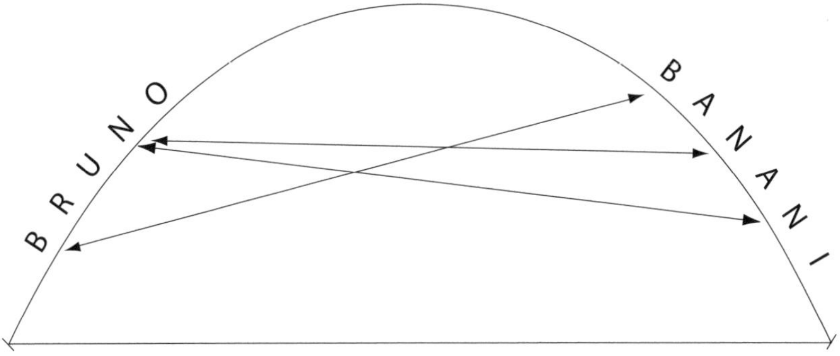

Resonanzbogen: Coca-Cola

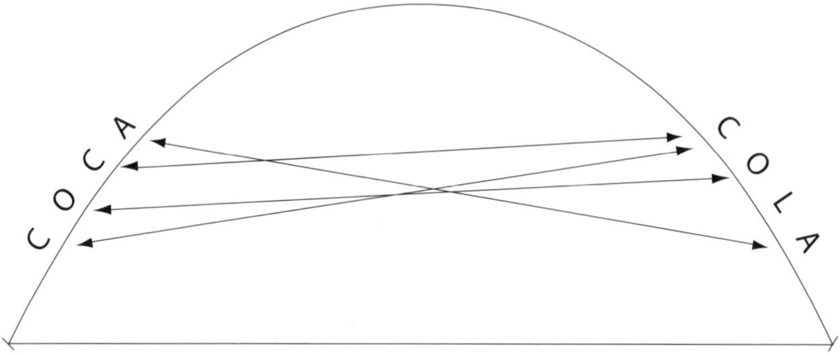

Wir erhalten ein sehr harmonisches Bild, die Vokale und Konsonanten sind in Resonanz miteinander. Es gibt allerdings Doppelnamen, bei denen vielleicht keine oder wenig Resonanz zwischen den Buchstaben besteht. Das muss nicht unbedingt negativ sein, wenn die Resonanzen aufgrund der Herkunftsbedeutung und anderer Assoziationen stark genug sind. Allerdings erzeugt ein harmonisches Zusammenspiel der Vokale Wohlklang.

7. Schritt: Unterstützen Anfangs- und Endbuchstabe Ihre Aussage?

Anfangs- und Endbuchstabe eines Namens bilden einen Bedeutungsrahmen. Was heißt das für den Namen Albagut?
Das A steht unter anderem für Anfang. Etwas Neues kann beginnen, ein neues Futtermittel wird eingeführt. Das A symbolisiert den Adler und steht auch für das Große. Das passt! Das neue Produkt soll schließlich groß herauskommen.
Das T steht für Tod, Trennung und Neubeginn. Bei unserem Produkt handelt es sich um pflanzlichen Abfall, der logischerweise im Kontext Tod und Trennung zu sehen ist und der hier zu Futtermittel recycelt wird.
Die Qualitäten von Anfangs- und Endbuchstabe stimmen mit der inhaltlichen Aussage von Albagut überein. Das ist gut für Albagut!

Noch ein Beispiel: Onko

Onko beginnt und endet mit O. Das O wird im Logo der Firma besonders groß gezeichnet, um die Wirkung zu verstärken. Der Vokal O ist dem Bauch zugeordnet und steht für Gefühl und Leidenschaft. Kaffee ist ein Getränk für Genießer und wird gern in Gesellschaft getrunken. Das O gibt ein rundes Gefühl. Eine Gesellschaft, die sich zum Kaffeetrinken zusammenfindet, nennen wir ebenfalls „eine Runde".

8. Schritt: Hinterfragen Sie die kollektive und assoziative Bedeutung Ihres Werbenamens im Interview!

Spontane Eindrücke abfragen

Inter-View heißt wörtlich *Über-Blick*, und andere haben aus der Distanz in der Regel einen besseren Überblick als wir selbst, wenn wir uns mitten im Namensfindungsprozess befinden. Neben der Herkunftsbedeutung eines Worts gilt es, seine kollektive Bedeutung zu untersuchen. Was verbinden wir und andere mit dem Namen? In welchem Kontext ist dieser Begriff in unserem und im kollektiven Gedächtnis abgespeichert?

Besonders Kinder und Jugendliche können gut aus dem Bauch heraus assoziieren. Ihre Spontaneität ist in der Regel sehr groß, weil sie von der Ratio noch nicht dominiert wird. Erwachsene überlegen gern. Über spontane Einfälle werden Überlegungen gelegt: Walter Riester hat die Altersvorsorgezulage vorgeschlagen, also nannte man die staatlich geförderte, aber privat finanzierte Rente *Riester-Rente*. Das klingt logisch und praktisch, liegt aber völlig daneben.

Versuchen Sie einmal, Ihren Verstand zu ignorieren, und lassen Sie spontane Gedanken und Assoziationen zu. Eine Loslösung von der Ratio kann auch durch meditative Methoden unterstützt werden.

Fragen Sie Ihren Ehepartner, Freunde und Bekannte, was Ihr Werbename bei ihnen auslöst und was sie mit dem Namen verbinden. Fragen Sie nur Menschen, die Ihnen wohlgesinnt und die intuitiv sind. Fragen Sie keine Pessimisten und keine Besserwisser, die stellvertretend für Sie Zweifel zu Wort kommen lassen. Fragen Sie auch nur nach den ersten zwei, drei spontanen Impulsen. Sonst erfahren Sie nicht die wesentlichen Eindrücke, sondern verfügen am Ende über ein Konglomerat von vielen Meinungen, die Sie noch mehr verunsichern könnten.

Kinder werden beispielsweise schnell auf „Spötteleien" kommen, die direkt oder assoziativ mit dem Wort in Verbindung stehen. Fragen Sie sich oder Kinder auch, ob sie sich einen Reim auf Ihren Werbenamen machen können. Diese Reime können Sie später vielleicht sogar zu Slogans weiterentwickeln. Auf Albagut reimt sich beispielsweise *tut, Mut, food* etc. Wir könnten in diesem Fall Sätze bilden wie: „Mut zu neuem Food" oder „Albagut tut gut".

Das professionelle Interview

Interviews von professionellen Meinungsforschungsinstituten sind meist nicht so effektiv wie Befragungen im eigenen Umfeld. Zudem sind sie aufwendig und sehr kostspielig, will man wirklich eine statistisch relevante Aussage erhalten. Diese Interviews haben ein nicht zu unterschätzendes Handicap. Wertvolle Aussagen erhalten Sie, wenn Sie Menschen befragen, die, wie bereits erwähnt, intuitiv und spontan antworten. Interviewen Sie aber nach dem Zufallsprinzip Menschen auf der Straße, können Sie diesen Aspekt nicht berücksichtigen: Viele Menschen fühlen sich in ihrem Leben nicht gefragt und benutzen unbewusst die Gelegenheit des Interviews, sich endlich einmal zu äußern. Es besteht dann die Gefahr, dass Sie keinerlei Impulse für Ihren Werbenamen erhalten, weil dem Befragten etwas völlig anderes am Herzen liegt. Sie erhalten Antworten, die für Sie keine Bedeutung haben. Die Befriedigung des Grundbedürfnisses nach Anerkennung hat stets Vorrang, wenn willkürlich ausgewählte Fremde befragt werden; das steht Ihrem Anliegen, etwas über die Wirkung Ihres Werbenamens zu erfahren, im Weg.

Sie sollten am besten auch eine ausgewählte Gruppe von Menschen befragen, die der Zielgruppe Ihres Produkts entspricht. Es sei denn, es handelt sich um ein Produkt, mit dem Sie die breite Masse bedienen wollen wie *Norma* oder das Versandhaus *Otto*. Oder wie *1&1*, ein Unternehmen, das möglichst alle mit Internetzugang ansprechen möchte und deshalb die leichte Quizfrage 1 + 1 = ? stellt.

Suchen Sie jedoch beispielsweise nach einem Titel für einen Independent-Film, so müssen Sie Menschen befragen, die solche Filme mögen, die mitunter schon viele solcher Filme gesehen haben und die sich später auch Ihren Film gern anschauen werden. Sonst kann es passieren, dass Sie vielleicht einen Filmtitel wählen, der eher auf einen Hollywood-Blockbuster schließen lässt, obwohl sich die breite Masse vielleicht gar nicht für Ihr

Thema interessiert. Ihre eigentliche Zielgruppe wird aber aufgrund des falsch gewählten Filmtitels erst gar nicht angesprochen, und das kann dazu führen, dass Ihr Film ein Flop wird.

9. Schritt: Vergessen Sie nicht den internationalen Namenscheck!

Diesen Check brauchen Sie nur zu machen, wenn die Aussicht besteht, international tätig zu werden. Als Paradebeispiel dient der bereits erwähnte *Pajero* von Mitsubishi, der in Argentinien, Spanien und anderen Ländern, in denen Spanisch gesprochen wird, sowie in Nordamerika mittlerweile den Namen Montero trägt, weil das spanische Wort *pajero* in der Vulgärsprache *Wichser* bedeutet. Werbestrategen haben das erst zu spät entdeckt.
Gefahr erkannt, Gefahr gebannt: In den 70er-Jahren ließ Kawasaki das K seiner Motorradserie *KZ* einfach weg, um Missverständnissen vorzubeugen.

Von Pinto bis Tod's
Auch Ford unterlief eine ähnliche Panne. Sie wollten ihren *Pinto* in Brasilien vermarkten. Dort ist Pinto jedoch ein Schimpfwort für einen Mann, der ein kleines Geschlechtsteil hat. Geben Sie „Peinliche Werbenamen" in Google ein, so erhalten Sie eine Fülle weiterer Beispiele: Der amerikanische Autohersteller Chevrolet stellte Untersuchungen an, warum sein *Chevy Nova* sich in Mexiko nicht so recht verkaufen ließ. Schließlich fand man heraus, dass auf Spanisch „No va!" so viel heißt wie: „Fährt nicht!" Die ägyptische Fluglinie *Misair* kam in französischsprachigen Ländern schlecht an, da der Name dort mit *Elend* übersetzt wird. *Colgate* führte in Frankreich eine Zahnpasta mit dem Namen *Cue* ein, ohne zu berücksichtigen, dass Cue ein sehr bekanntes französisches Pornomagazin ist. Und auf dem deutschen Markt wollte das Duftwässerchen *Irish Mist* nicht so richtig angenommen werden, man taufte es schließlich in *Irisch Moos* um.
Es zählt aber nicht nur die reine Bedeutung, auch der Klang kann negative Assoziationen auslösen. Ich erinnere an den *Roomster* von Škoda, dessen Name wie *rumst er* klingt. Noch zu erwähnen in diesem Kontext ist der japanische Whisky *Black Nikka*, der in den USA kein Verkaufsschlager werden konnte, denn die Ähnlichkeit mit *Black Nigger* war einfach zu groß.

Auch die italienische Designermarke *Tod's* ist als Werbename, zumindest in Deutschland, *tödlich*. Dieser Markenname wird es hierzulande wahrscheinlich schwer haben. Mit dem Tod will außer dem Bestatter niemand so recht etwas zu tun haben.
Sie sehen, auch bekannte Firmen und selbst große Konzerne versäumen nicht selten den internationalen Namenscheck. Ein nicht nur peinlicher, sondern auch teurer Fehler!

10. Schritt: Mit welchen Bedeutungen ist Ihr Name aufgeladen?

Ein guter Name ist viel Geld wert
Jedes Wort und jeder Name ist energetisch aufgeladen. Beispielsweise der Vorname Osama: Jeder verbindet sofort ein Bild mit ihm. Ähnlich ergeht es dem Vornamen Adolf, der sofort im Kontext Drittes Reich und Adolf Hitler gesehen wird. Auch der Name Obama ist voller Kraft, in diesem Fall in positiver Hinsicht.
Der Wert eines Namens lässt sich normalerweise nicht beziffern. Es sei denn, es handelt sich um Markennamen von Weltrang wie Coca-Cola: „Wollten Sie dem Getränkehersteller in Atlanta seinen guten Namen abkaufen, müssten Sie allein für die acht Buchstaben 56 Milliarden Euro auf den Tisch legen. Selbst dann wären Sie aber immer noch nicht im Besitz einer einzigen Flasche der koffeinhaltigen Brause. […] McDonald's bekommen Sie etwas billiger. Hier kostet der Fastfood-Markenname nur 21,6 Milliarden Euro. Und den schönen spanischen Vornamen Mercedes gibt's als Schnäppchen für 16,6 Milliarden fast schon im Marken-Schlussverkauf hinterhergeschleudert."[74]
Solche Preise unterliegen natürlich großen Schwankungen, je nachdem ob an der Börse gerade Cash oder Crash angesagt ist.

Positive und negative Assoziationen
Die meisten energetisch aufgeladenen Namen lassen sich nicht in Euros quantifizieren. Viele Namensfinder bedienen sich bereits aufgeladener Namen – natürlich sollte die jeweilige Assoziation positiv sein. Auch Zeichen und Symbole können positiv oder negativ besetzt sein, ein bekanntes Negativbeispiel ist das Hakenkreuz.

74. Professor Udolph, Sebastian Fitzek, *Professor Udolphs Buch der Namen*, S. 120.

Erstaunlicherweise durfte sich der *BDM*, der *Bund Deutscher Milchwirtschaft*, ohne großes Aufsehen in der Presse und von jüdischen Verbänden scheinbar ungeachtet, etablieren. Im Dritten Reich stand BDM für den *Bund Deutscher Mädel*, den weiblichen Zweig der Hitlerjugend. Allerdings wird der Bund Deutscher Milchwirtschaft in der Presse meist nicht mit seinen Initialen abgekürzt, als gäbe es da bewusst oder unbewusst eine Scheu, diese Buchstabenkombination zu verwenden.
Was positiv und was negativ wirkt, hängt natürlich häufig auch vom Standpunkt des Betrachters ab. Namen können durchaus polarisieren. Deshalb ist es wichtig, dass Sie Ihre Zielgruppe gut kennen und wissen, wie diese auf die Energien, die in Ihrem Namen mitschwingen, reagieren werden.

AEG
Genial mit positiver Bedeutung aufgeladen sind die Initialen des Elektrounternehmens *AEG* – allein durch den Slogan „Aus Erfahrung gut". Das hat funktioniert, weil die Initialen der *Allgemeinen Elektricitäts-Gesellschaft* sowohl mit den Anfangsbuchstaben des Slogans als auch mit der Qualität der Buchstaben übereinstimmen: A steht für *Anfang*, E für *Erfahrung* und das G steht für *gut*. Das musste gut laufen!

Deprim
Eine Café-Bar in Nürnberg nennt sich *Deprim*, was automatisch an *deprimiert* erinnert. Das Wort Deprim ist bereits negativ aufgeladen. Keine Ahnung, was sich die Namensschöpfer hierbei gedacht haben. Das Flair des Etablissements war ohnedies schon von außen so düster, dass es nicht dazu einlud, hineinzugehen und den Sinn des Namens zu recherchieren. Hinzu kommt, dass die Buchstaben EPR verkehrt herum geschrieben waren. Das wirkte zusätzlich deprimierend: Statt sich zu öffnen und nach vorn zu gehen, verschließt sich der Depressive und geht nach innen, in die falsche Richtung. Buchstaben sollten prinzipiell in die richtige Richtung zeigen.

Monroe als Monrose
Die deutsche Girlgroup *Monrose* bediente sich frech des voll aufgeladenen Namens der berühmten Schauspielerin und Sängerin Marilyn Monroe. Die Namensschöpfer haben einfach nur ein S hinzugefügt. Monrose ist auch ein

sehr gutes Beispiel, wie wir spielerisch mit Buchstaben umgehen können. Aus Monroe entsteht Mon-rose, was eigentlich *meine Rose* bedeutet.

Monroe im Supermarkt?

Auch die Handelskette *Norma* bediente sich des Namens Monroe, indem sie auf einer Werbekarte mit dem eigentlichen Namen von Marilyn Monroe, die in Wirklichkeit Norma Baker hieß, spielte. Man könnte schließlich meinen, diese Norma Baker habe etwas mit dem Unternehmen zu tun, zumindest mit der Backwarenabteilung. Der englische Vorname Norma bedeutet *Gebot, Richtschnur*, siehe das Wort *Norm*. Monroe aber steht genau für das Gegenteil, für Außergewöhnlichkeit. Endlich darf auch der *Normal*verbraucher dank Norma aus seiner Haut fahren.

Gorbatschow und Jelzin als Wodka

Namen berühmter Menschen eignen sich besonders gut als Werbeträger, denn Menschen bieten dank der Einzigartigkeit ihrer Persönlichkeit die stärkste Identifikationsmöglichkeit.

Der ehemalige russische Präsident Michail Gorbatschow ist in Deutschland in sehr guter Erinnerung. Schließlich haben wir ihm die Wiedervereinigung zu verdanken. Russland und Wodka sind fast schon ein Synonym. So garantiert ein *Wodka Gorbatschow* Qualität auch in Form von Alkohol.

Etwas makaber mutet allerdings die Marke *Jelzin Vodka* an, wenn man bedenkt, dass der ehemalige russische Präsident Alkoholiker war. Ob Jelzin Vodka sein Verhängnis war oder ob er heimlich Wodka Gorbatschow getrunken hat, ist nicht bekannt.

Positive Assoziationen aufgrund positiver Erfahrungen

Der *Marshallplan*, ein nach George Marshall benanntes Wiederaufbauprogramm für Europa nach dem Zweiten Weltkrieg, ist genauso positiv aufgeladen wie der *Schuman-Plan* des französischen Politikers Robert Schuman, der zur Gründung der Europäischen Gemeinschaft für Kohle und Stahl führte. Selbst wenn wir nicht mehr wissen, was Robert Schuman wirklich gemacht hat, assoziieren wir Positives mit seinem Namen.

Negative Assoziationen aufgrund negativer Grundbedeutungen
Im Vergleich zu Marshall und Schuman haben es *Riester, Rürup* und *Hartz IV* schwer, denn sie sind per se negativ aufgeladen. Nach neuesten Zeitungsberichten haben rund eine Million Riester-Sparer ihren Vertrag zur privaten Altersvorsorge bereits wieder gekündigt oder lassen ihn ruhen. „Das bestätigte das Bundessozialministerium in Berlin. Verbraucherschützer führen dies auf die Unzufriedenheit vieler Sparer mit den hohen Provisionen und Kosten mancher Riester-Produkte zurück."[75] Mit *riestern* als Verb in der nächsten Dudenausgabe wird es wohl nichts.

Von Gloria, der Siegerin, zu Gloris
Das lateinische *gloria* bedeutet *Ruhm, Ehre.* Gloria dient auch als Vorname und ist von Anfang an allein aufgrund der Ursprungsbedeutung rein positiv besetzt. Wer möchte nicht glorreich sein und „Gloria Halleluja" singen? Ein Unternehmen, das unter anderem Pokale zur Siegerehrung über das Internet vertreibt, erarbeitete mit mir den Werbenamen *Gloris-Pokale* (www.gloris-pokale.de).
Aus Gloria wurde Gloris. Die Buchstabenkombination *is* ist eine alte Siegesrune. Das englische *is* heißt zudem *ist*, was Präsenz bedeutet – und das Leben im Hier und Jetzt steht für viel Energie.

11. Schritt: Nutzen Sie ein Synonymlexikon!

„Ein Synonym ist ein Wort, das einem anderen in Bezug auf die Bedeutung ähnlich oder gleich ist (starten, anfahren, anlassen)."[76]
Für die Worte Abfall und Alba gibt es keine inspirierenden und positiv besetzten Synonyme – Müll, Mist, Kehricht und Unrat wirken nicht einladend. Wären aber die Firmengründer mit dem Werbenamen Gloris-Pokale nicht einverstanden gewesen, hätten sie auch alternativ nach sinnverwandten oder sinngleichen Begriffen suchen können, etwa im Duden unter *Ruhm = Glorie, Gloriole, glorios, Nimbus* usw.[77] Sucht man nach Wörtern, die mit Ruhm zu tun haben, findet man beispielsweise auch *Lorbeer.* Davon leiten sich auch der Vorname Lorenz und die Kurzformen Laura, Laurin und so

---

75. In: *Hessische/Niedersächsische Allgemeine*, 09.12.2008.
76. Duden, *Das Fremdwörterbuch*, S. 971.
77. Neben dem Duden gibt es natürlich zahlreiche Synonymwörterbücher anderer Herausgeber.

weiter ab. Auch *Lauris-Pokale* hätte als Name des Internetportals zum Vertrieb von Pokalen funktioniert, obwohl die Wirkung von Gloris-Pokale stärker ist.
Wollen Sie einen Friseursalon eröffnen, so können Sie unter *Haar* nachschlagen. Sie finden unter anderem Begriffe wie *haargenau* und *haarscharf*. In der Tat heißen viele Friseurgeschäfte haargenau so. Die Wörter *Haar, Genauigkeit* und *Schärfe* gehören in ein und denselben Kontext, was uns auch das Wort *Haarspalterei* verdeutlicht, die entsteht, wenn wir Dinge zu genau nehmen.

Kreative Namensfindung
Wenn aus *Hazienda*, der spanischen Bezeichnung für *Ranch*, eine *Haarcienda* wird, dann ist das einfach nur kreativ. In Eschwege gibt es ein solches Friseurgeschäft auf einem außerhalb gelegenen Hofgut. Überhaupt scheinen insbesondere Friseure sehr kreativ bei der Namensfindung zu sein, da gibt es Firmennamen wie *Haartrium, Haareszeiten, Haarlekin* und viele mehr.

12. Schritt: Setzen Sie Redewendungen bei der Kreation Ihres Werbenamens und als Ressource für Slogans ein!

Redewendungen sind Volksweisheiten. Auf diese Weise bleibt Wissen den nachfolgenden Generationen erhalten. „Mit Glanz und Gloria“ ist eine Redensart, die gut als Slogan Verwendung finden kann – beispielsweise, wenn es um die Vermarktung von Pokalen geht. Ähnlich könnte eine Bäckerei etwa mit „Für Sie bekommen wir alles gebacken“ werben.
Die Namensagentur Namestorm liefert mit ihrem Slogan „Ein starker Name öffnet Tür und Ohr“ ebenfalls ein effektvolles Beispiel. Auch entwarf sie für die romantische Filmkomödie *27 Dresses* den Slogan „Kleider machen Bräute“, der sehr gut ankam. Die Namestormer können mit vielen guten Beispielen aufwarten. Sie betitelten auch die Liebeskomödie *Love Vegas*, die in Las Vegas spielt. Ergebnis: über eine Million Besucher in Deutschland!

13. Schritt: Stellen Sie sich positiv ein!

Vor Kurzem wollte ich aus den Büroräumen eines Kunden gehen und steuerte automatisch auf eine Glastür zu. Diese führte allerdings in die Privaträume des Unternehmers. Es existiert ein Automatismus in uns, der uns immer Richtung Licht gehen lässt. Ähnlich suchen Pflanzen das Licht. Die Lichtreklame nutzt diesen Mechanismus und erzeugt Aufmerksamkeit durch Licht. Helligkeit steht symbolisch für das Positive. Schatten und Dunkles gehören zum Negativen, wie das Negativ ins dunkle Fotolabor. Das lateinische *positivus* heißt *gesetzt, gegeben*. Durch Licht erhält das, was gegeben ist, Aufmerksamkeit.

Der Mensch ist grundsätzlich auf das Positive ausgerichtet. Die bekannte Managertrainerin Vera F. Birkenbihl hat vielerorts darauf hingewiesen, dass unser Gehirn gar kein Nein kennt. Sie verdeutlicht dieses Phänomen am Beispiel des Verbotsschilds „Rasen nicht betreten!". Unser Gehirn nimmt nur „Rasen betreten" wahr und Hauseigentümer wundern sich.

An Tankstellen wirbt *Marlboro* mit einer kleinen Glasvitrine, in welcher eine Schachtel Zigaretten in rotem Licht ausgestellt ist. Durch das Licht erhält das Päckchen Aufmerksamkeit. Der zur Schau gestellte Hinweis „Rauchen kann tödlich sein" wird so ad absurdum geführt, denn Rot steht für Leben. Unsere Aufmerksamkeit wird von dem Licht angezogen und die Warnung verliert nicht nur an Bedeutung, sondern erzeugt aufgrund der Gegensätzlichkeit eher noch Spannung, was anziehend auf uns wirkt. Diese Werbung hat eine tiefe suggestive Wirkung. Ein negativer Beigeschmack bleibt dennoch. Wer wie die Zigarettenindustrie mit Abhängigkeiten sein Geld verdient, neigt per se zur Manipulation.

Der Hintergrund unseres Denkens bestimmt den Vordergrund! Das haben wir an Beispielen wie Phaeton und Riester sehen können. Wenn wir versuchen, durch die Namensgebung unsere Kunden zu manipulieren, gehen wir uns irgendwann selbst auf den Leim und werden langfristig nicht erfolgreich sein. Besonders Werbung sollte einer klaren Ethik verpflichtet sein. Menschen, die sich voll und ganz auf das Positive einstellen, beschreiten zwar nicht den Weg zum schnellen Geld, aber den direkten Weg zum sicheren Erfolg.

Negative Wirkung hat Werbung, die sich gegen etwas richtet. Beispielsweise wirbt die Commerzbank gegen die Abgeltungsteuer. Im Vorraum der Bank ist deshalb ein rundes Verkehrsschild mit der Überschrift „Vorsicht Abgeltungsteuer" aufgestellt. Auf diesem steht 25 Prozent und die Zahl ist mit einem Kreuz durchgestrichen. Verbote haben nichts Anziehendes. Wer sollte Lust auf Verbotsschilder haben, außer dem Schildermacher? Mit einer solchen Werbung führen Sie Ihre Kunden in die falsche Richtung.

Negatives löst beim Kunden negative Assoziationen aus. Das ist das Gesetz der Resonanz: Wie man in den Wald hineinruft, so schallt es heraus – und negativ gestimmte Kunden sind nicht offen für Neues beziehungsweise neue Produkte, die Sie vielleicht anzubieten haben.
Wenn wir von unseren Produkten überzeugt sind, brauchen wir unsere Kunden nicht mithilfe psychologischer Tricks, wie es etwa das Unternehmen Marlboro tut, hinters Licht zu führen. Wir können auf alles Negative in unserer Werbung verzichten.

Werben Sie für Ihre Firma/Ihr Produkt und nicht für die Opposition!
Das einfache Gesetz der Aufmerksamkeit scheinen SPD-Werbeleute nicht verstehen zu wollen. Auf einem SPD-Werbeplakat zur Hessenwahl im Januar 2009 stand in fetten Lettern geschrieben: „WIRKLICH WIEDER KOCH?“ Damit machte die SPD Werbung für Roland Koch: Sie richtete die Aufmerksamkeit auf den politischen Gegner.
Richten Sie mit Namen und Slogans die Aufmerksamkeit Ihrer Kunden auf die positiven Aspekte Ihrer Firma beziehungsweise Ihres Produkts – und machen Sie keine (Negativ)Schlagzeilen für andere!

Achten Sie darauf, dass Ihr Werbename beziehungsweise dessen Wortbestandteile positiv besetzt sind!
Eine *Spalt*-Tablette erinnert Sie daran, dass Ihr Kopf zu zerspringen droht. Das wussten Sie aber schon vorher. Ein positiver Name zieht besser!
Dolormin ist positiv und negativ zugleich. Einerseits erinnert es Sie an Ihre Schmerzen (*dolor*) und bietet andererseits aber die Möglichkeiten, diese Schmerzen zu mindern (*min*).
Allergospamin ist fast ausschließlich negativ. Eine Allergie will keiner haben und spastisch will auch keiner sein. Dass mit der Endsilbe *min* Minderung in Aussicht gestellt wird, reicht nicht aus.

Vorsicht ist bei Wörtern aus anderen Sprachen geboten
Eau de Toilette wird heute noch auf einigen duftenden Wässerchen als *Toilettenwasser* übersetzt. Hier haben wir eindeutig andere Assoziationen. Dieses Wasser ist zum Runterspülen.
After hat neben *nach* noch eine andere Bedeutung und bezeichnet auch die Austrittsöffnung des Darms, den *Anus*. Womit assoziiere ich also mein

Aftershave? *After Eight* ist hingegen unmissverständlich. Nach 20 Uhr gibt es die Belohnung: After Eight!

Lassen Sie Positives durch einfache positive Wörter entstehen!
Aktion Mensch – hier wurde der Werbename genial verändert. Die Deutsche Behindertenhilfe hieß bis zum Jahr 2000 *Aktion Sorgenkind*, dann wurde sie sinnigerweise in Aktion Mensch umbenannt. Denn: Sorgen haben wir schon genug!
Ja! heißen die Produkte der Handelskette Rewe. Einfacher und positiver geht es nicht.
Plus ist ein positiver Name, der vermittelt, dass Sie in diesem Geschäft einen Gewinn, ein Plus machen.
Tempo verheißt Schnelligkeit. Jeder will seinen Schnupfen schnell wieder loswerden oder zumindest das, was aus der Nase geflossen kommt.
Im *Spiegel* spiegelt sich das gesellschaftspolitische Geschehen wider.
Der *Focus* verspricht eine Fokussierung.
Bild lebt von Bildern. Leseschwächen sind willkommen. „BILD dir deine Meinung" ist ein genialer Spruch für eine „Scheißhauszeitung".
Der *Stern* weist uns den Weg, denn die Zukunft liegt in den Sternen. Sterne bringen Helligkeit ins Dunkle, und diese zieht uns an. Die Zeitschrift *Stern* deckt gerne Missstände auf.
Mit dem Modellnamen *Golf* ist VW ein Treffer gelungen. Golf gilt mit Einschränkung noch als Sport der Reichen und Privilegierten. Einen Golf zu besitzen, gibt das Gefühl, dazuzugehören.
Der *Megane* von Renault verspricht, *mega* zu sein.
Fonds – das französische *fond* heißt *Grund, Boden, Sohle* und suggeriert Bodenständigkeit sowie Festigkeit. Sparer glaubten, ihr Geld sei in Fonds sicher angelegt. Dieser Name ist wohl bewusst gewählt worden, um das Vertrauen der Anleger zu wecken. Diese fühlten sich noch in der Vergangenheit besonders sicher, weil Fonds oft im Kontext ihrer Rentenabsicherung angeboten wurden.
Mit *Zertifikaten* verloren viele Anleger viel Geld. Auch sie wiegten sich in Sicherheit. Das lateinische *certificare* heißt schließlich *gewiss machen, beglaubigen.* Der Name und das Produkt – Form und Inhalt – klaffen kriminell auseinander.

Löst Ihr Werbename positive Assoziationen aus?
Mit manchen Markennamen assoziieren wir unbewusst Positives. Dem Positiven ist es allerdings egal, ob eine Absicht der Namensschöpfer zugrunde liegt – es versteckt sich oft in Wortbildern, Anagrammen sowie Assoziationen.

Knorr erinnert uns an unseren knurrenden Magen und schafft Abhilfe.
Maggi mag i! – für Nichtbayern: Maggi mag ich! Zudem ist in Maggi Magi(e) enthalten. Das ist gut für den Verkauf!
Bei *Fielmann* gibt es viel für wenig Geld.
Bei *Burger King* darf der Bürger endlich einmal King sein.
Mit dem *Tiguan,* einem Mix aus Tiger und Leguan, darf auch der kleine Mann ein großer Tiger sein. Eigentlich gehören Tiermixnamen aber in den Kindergartenalltag. Allerdings scheint es in Deutschland viele Möchtegerntiger zu geben.
Ganz bewusst lässt die Zeitschrift *Praline* ausgehungerte Männer auf Süßes hoffen. Der Inhalt von *Praline* ist aber eher prall und „proll" als süß.

Wählen Sie einen Werbenamen, auf den es sich gut reimen lässt!
Reime machen, wie bereits erwähnt, glücklich! Haben Sie einen Werbenamen, auf den sich Positives reimt?
Auf den Markennamen *Rama* reimt sich Mama. Mit Rama schmeckt es so gut wie bei Mama.
Auf *TUI* reimt sich hui. Mit TUI geht es hui ab in den Süden.
Wasch mit *Dash!*
O_2 can do!
Haribo macht Kinder froh!

Die Alliteration: Alte Zauberformeln haben es in sich!
Die Alliteration ist eine literarische Stilfigur, bei der betonte Silben aufeinanderfolgender Wörter einen gleichen Anlaut haben, zum Beispiel „Wind und Wetter" oder „Kind und Kegel". Die Alliteration finden wir in der Lyrik, etwa, wenn jemand über „Stock und Stein" fällt, und sie taucht im Weihnachtslied „Ihr Kinderlein kommet ..." auf. In Zauberformeln besaß die Alliteration übrigens schon bei den alten Germanen magische Kräfte.

Alliterationen finden sich in der Werbung sowie in Werbenamen. Sie prägen sich gut ein. Denken Sie an die Fernsehsendung *Zum Blauen Bock*, an *Coca-Cola* oder *Bruno Banani*. Die Alliteration gibt es natürlich auch in Künstlernamen: Marilyn Monroe, Doris Day (in den USA bekannt als DoDo), Brigitte Bardot (international bekannt als BB) oder Bruno Bruni. Auch im Dritten Reich waren Alliterationen willkommen: „Heil Hitler" wurde bewusst gewählt.
Ähnlich einprägsam ist eine Wortfolge, bei der der Endbuchstabe eines Worts als Anfangsbuchstabe des nächsten Worts genommen wird, wie es zum Beispiel beim Namen Kurt Tucholsky der Fall ist. Solche Namen lassen sich besonders flüssig aussprechen. In der Werbung tauchte diese Form beispielsweise beim Internetanbieter *pop puretec* auf, der jetzt *1&1* heißt.

Kreieren Sie einen Werbenamen, der Affirmationen enthält!
Affirmationen haben eine oft unterschätzte Wirkung. Durch Bestätigungen gelingen aber die Dinge im Leben besser, weil sie den positiven Ausgang vor Augen führen und somit Energie in die richtige Richtung lenken. In einem Film über nepalesische Kinder, die einen steilen Abhang hinuntersteigen müssen, wurde gezeigt, dass sie von ihren Eltern lernen, sich während dessen vorzusagen: „Ich bin sicher auf meinem Weg!" Dagegen wäre „Ich falle nicht" keine Affirmation. Die Möglichkeit zu fallen würde mit dieser Formulierung noch wahrscheinlicher werden. Sie können das gern einmal ausprobieren, indem Sie ein Tablett mit Ihrem wertvollsten Geschirr beladen und dann die Treppe hinuntergehen, während Sie zu sich selber sagen: „Nicht fallen!"
Wenn wir uns gegenseitig einen guten Tag wünschen, ist das eine Affirmation. Wenn wir auf die Frage „Wie geht es dir?" automatisch antworten „Gut!", ist das keine Lüge, sondern ebenfalls eine Affirmation. Werbeexperten in den Niederlanden vermarkteten die Affirmation des Grüßens, um Land und Leute freundlicher und attraktiver zu machen. Ein Radioteam war in den Städten unterwegs und belohnte Menschen, die freundlich grüßten, mit 10 Euro. Eine gute Alternative zum deutschen Begrüßungsgeld zu Zeiten des Mauerfalls.

Albagut sagt, dass das Produkt Alba gut ist.
Prostagut lässt Ihre Prostata wieder hoffen.
Mit der Firma *Plansecur* planen Sie mit Sicherheit.

Mein Coachinginstitut *Brainfresh* verspricht ein frisches Gehirn. Probieren Sie es aus!
Die Firma *Gehwol* verspricht, dass man mit ihren Produkten wieder gut gehen kann oder dass es den Kunden wohl ergehen wird.
Nirosta verspricht, dass dieses Besteck niemals rostet.
Dank *Optivit* sind Sie optimal fit.
Blendax macht Ihre Zähne blendend weiß.
Am besten aber ist *Dr. Best*. Einem Doktor glaubt man vorbehaltlos.
Mit der Wäschemarke *Triumph* – früher war es auch einmal eine Motorradmarke – können Sie triumphieren.
Der geniale Werbename *Red Bull* verspricht volle Kraft, wie wir es von einem Bullen erwarten können. „Red Bull verleiht Flügel!" Nach dem Genuss dieses Getränks können Sie die Party steigen lassen!

Wählen Sie einen Werbenamen mit aufforderndem Charakter!
Manche Unternehmen stoßen die Kunden mit der Nase auf ihr Produkt:

Die *Sparda-Bank* fordert auf: „Spar da!"
Die Lebensmittelkette *Spar* empfiehlt generell Sparsamkeit.
Nur die fokussiert die Aufmerksamkeit potenzieller Kunden, um zu verhindern, dass diese bei der Konkurrenz Strümpfe und Wäsche kaufen.
Badedas animiert zum Waschen: „Bade das!"

Abschließende Worte

„Der intuitive Geist ist ein heiliges Geschenk und der rationale Geist ein treuer Diener. Wir haben eine Gesellschaft erschaffen, die den Diener ehrt und das Geschenk vergessen hat."

Albert Einstein

Oft werden in der Werbung ethische Grenzen nicht gewahrt. Mit schlechtem Beispiel gehen Zigarettenindustrie, Bundesregierung und Finanzbranche voran, was Marlboro, Riester und auch Bezeichnungen wie Fonds und Zertifikate verdeutlichen. Auf Käuferseite ist es wichtig, wachsam zu sein, zu prüfen, was sich hinter dem Namen verbirgt und was man mit welchem Produkt wirklich erwirbt.

Auf Verkäuferseite sollten Ethik und Werte entscheiden: Versprechen Sie nichts, was Sie nicht halten können, bieten Sie nichts an, was Sie gar nicht haben, und vor allem, klinken Sie sich nicht in das Unterbewusstsein der Menschen ein, um zu manipulieren und mit Suggestion zu arbeiten. Suggerieren kommt von lateinisch *sug-gerere* und heißt *von unten herantragen* – das heißt, es wird versucht, jemanden zu beeinflussen, ohne dass dieser die Manipulation wahrnimmt. Wir sollten aber nur das anbieten, was zu uns gehört, was wir selbst mögen oder lieben und was wir für andere Menschen gutheißen. Das sind schon mal schlechte Nachrichten für die Zigarettenindustrie.

Wirklicher Service ist *Dienst* am Menschen. Der Fokus unserer Wertschätzung sollte nicht ausschließlich auf dem Produkt liegen, sondern auf den Kunden, denen wir *dienen*. In erster Linie und letztlich geht es immer um den Menschen. Nachhaltiger Verkauf und nachhaltige Kundenbindung bedingen einander. Nachhaltig heißt, dass das angebotene Produkt nach einer Rezession nicht vom Markt verschwunden ist.

Wenn wir diese guten Werte verinnerlicht haben, dann fällt es uns auch nicht schwer intuitiv zu sein und gute Impulse aufzugreifen – und das sind die wichtigsten Werkzeuge bei der Namensschöpfung. *Intuition* heißt *unmittelbare Betrachtung*. Manchen Menschen ist diese gegeben, weil sie gelernt haben, sich nicht von ihrer Ratio dominieren zu lassen. Andere Menschen

versuchen es mit der Namensschöpfung, indem sie überlegen. Die Versuchung ist groß, der Erfolg meist bescheiden. Mit dem *Über-legen* legen wir etwas darüber und verdecken unsere Intuition, unser größtes Geschenk!
Abschließend möchte ich Ihnen noch ein Zitat von Mark Twain mit auf den Weg geben, das ich im Werbeprospekt der Namensagentur Namestorm entdeckt habe:
„Der Unterschied zwischen dem fast richtigen Namen und dem richtigen Namen ist wie der Unterschied zwischen einem Glühwürmchen und einem Blitz!“

Dank

Das Kapitel „Die Qualität der Buchstaben von A–Z“ erfolgt in Anlehnung an das Buch *Nomen est Omen. Die verborgene Botschaft der Vornamen* von Joachim Schaffer-Suchomel, welches 2007 bei Goldmann-Arkana erschienen ist. Für die freundliche Unterstützung möchten der Redline Verlag und ich mich herzlich bedanken.

Ein besonderer Dank geht an meine Frau Michaela Suchomel für ihre permanente inhaltliche Auseinandersetzung und die vielen guten Impulse zum Thema. Vielen Dank auch an Mark Leiblein von der Namensagentur NAMESTORM für wichtige Hinweise.

Über den Autor

Joachim Schaffer-Suchomel, 1951 geboren, hat sich nach seinem Studium der Pädagogik und Psychologie in den Bereichen Kommunikation und Konfliktlösung fortgebildet.
Es begeistert ihn von jeher, Menschen wachsen zu sehen und sich gleichzeitig als Teil dieses Wachstums zu verstehen. Deshalb gründete er 1995 gemeinsam mit seiner Frau Michaela das Coachinginstitut Brainfresh, in welchem Workshops zur Persönlichkeitsentwicklung, Namensdeutung und Gesundheitsseminare stattfinden: www.brainfresh.net.
Joachim Schaffer setzt sich seit 25 Jahren mit Sprache auseinander. Seine philosophische Betrachtung und langjährige Coachingerfahrung führten zu dem Buch *Du bist, was du sagst* mit Koautor Klaus Krebs. Es erschien 2006 im mvg Verlag. Dieses Buch wird von Coaches, Therapeuten, Psychologen, Pädagogen und Sprachinteressierten gern als Nachschlagewerk für die kollektiven Bilder hinter den Worten verwendet.
Das Buch *Nomen est Omen – die verborgene Botschaft der Vornamen* (Goldmann-Arkana) gilt als Standardwerk hinsichtlich des Zusammenhangs von Name und Persönlichkeit.
Joachim Schaffer ist verheiratet mit Michaela Suchomel, Heilpraktikerin und Kinesiologin. Sie haben drei Töchter.

Literaturverzeichnis

Bahlow, Hans, *Deutsches Namenlexikon*, Suhrkamp Taschenbuch 65, Frankfurt a. M. 1985

Burkart, Walter, *Neues Lexikon der Vornamen*, Bastei Lübbe Taschenbuch, Bergisch Gladbach 2002

Campion, Nicholas, *Der Praktische Astrologe*, Interbook Verlagsgesellschaft, Hamburg, 1988

Dahlke, Ruediger, *Krankheit als Symbol – Handbuch der Psychosomatik*, C. Bertelsmann, Gütersloh 1996

Dahlke Ruediger, *Die Psychologie des Geldes – Erfolgreicher und glücklicher mithilfe der Lebensgesetze*, Nymphenburger Verlag, München 2008

Duden, *Das Herkunftswörterbuch*, Mannheim 2001

Duden, *Lexikon der Vornamen*, Mannheim 2007

Duden, *Redewendungen – Wörterbuch der deutschen Idiomatik*, Mannheim 2004

Duden, *Das Synonymwörterbuch*, Mannheim 2004

Duden, *Das Fremdwörterbuch*, Mannheim 2001

Duden, *Das Bedeutungswörterbuch*, Mannheim 1995

Hennig, Beate, *Kleines Mittelhochdeutsches Wörterbuch*, Max Niemeyer Verlag, Tübingen 2001

Kluge, Friedrich, *Etymologisches Wörterbuch der deutschen Sprache*, Walter de Gruyter, Berlin 2002

Kunze, Konrad, *dtv-Atlas Namenkunde – Vor- und Familiennamen im deutschen Sprachgebiet*, Deutscher Taschenbuchverlag, München 2004

Langenscheidt, *Power Wörterbuch Französisch*, Berlin 1999

Langenscheidt, *Maxi-Wörterbuch Englisch*, Berlin 2002

Langenscheidt, *Taschenwörterbuch Latein*, Berlin 2006

Peltzer, Karl, *Das treffende Zitat – Gedankengut aus drei Jahrtausenden und fünf Kontinenten*, Otto Verlag, Thun 1974

Rapaille, Clotaire, *Der Kultur-Code – Was uns trennt – was uns verbindet*, Goldmann Taschenbuch, München 2007

Schützeichel, Rudolf, *Althochdeutsches Wörterbuch*, Max Niemeyer Verlag, Tübingen 1995

Szabó, Zoltán/Szabó, Ingrid, *Geheimnis der Vornamen – Namensdeutung mit Runen in Theorie und Praxis*, Verlag Neue Erde, Saarbrücken 2004

Udolph, Jürgen/Fitzek Sebastian, *Professor Udolphs Buch der Namen – woher sie kommen – was sie bedeuten*, C. Bertelsmann, München 2005

Urmes, Dietmar, *Etymologisches Namenlexikon – das Herkunftswörterbuch*, Marix-Verlag, Wiesbaden 2006

Urmes, Dietmar, *Handbuch der geographischen Namen – ihre Herkunft, Entwicklung und Bedeutung*, Marix-Verlag, Wiesbaden 2004

Walker, Barbara G., *Das geheime Wissen der Frauen*, Arun-Verlag, Engerda 2004

Joachim Schaffer-Suchomel

Bücher

Du bist, was du sagst. Was unsere Sprache über unsere Lebenseinstellung verrät, mit Koautor Klaus Krebs, Vorwort Ruediger Dahlke, mvg Verlag, Heidelberg 2006

Nomen est Omen. Die verborgene Botschaft der Vornamen, Vorwort Ruediger Dahlke, Goldmann-Arkana, München 2007

Wir sind Wort. Spuren unseres Menschseins in der Sprache, Shaker Media, Aachen 2008

DVDs

Die Macht der Bilder hinter den Worten und

Nomen est Omen: Der Name als Schicksal – Was Ihr Vorname verrät

DVD-Live-Mitschnitt zweier Vorträge, gehalten beim ForumKontrovers, Stuttgart 2005 bzw. 2007, ca. 120 Minuten, Preis 22,00 € inklusive Versand. Bestellanschrift: Webforum 21, Millöckerstr. 5, 70195 Stuttgart, E-Mail: info@webforum21.de

CD-Angebot

Sprache als Schlüssel für Gesundheit, Persönlichkeit und Glück

Nomen est Omen – Die verborgene Botschaft der Vornamen

Live-Vorträge, erhältlich unter: info@brainfresh.net

Adressen und Informationen

Homepages von Joachim Schaffer
www.nomenestomen.net und www.brainfresh.net

Unsere Angebote
Kreation und Check von Werbenamen, auch in Kooperation mit der Namensagentur NAMESTORM, www.namestorm.de
Vornamensdeutung sowie die Matrix von Vor- und Familiennamen
Seminare
Vorträge
Coaching
Coachingfortbildung

Themenschwerpunkte für Seminare und Vorträge

- Werbewirksame Namen leicht gemacht
- Die Sprache als Schlüssel für Persönlichkeit und Erfolg
- Gesetze des Erfolgs und nachhaltigen Wachstums
- Nomen est Omen – Die verborgene Botschaft der Vornamen
- Wissen auf den ersten Blick – Die Kraft des ersten Impulses in Kooperation mit Rita Fasel und Ruediger Dahlke

In Kooperation mit Michaela Suchomel

- Heilpraktikerin
- Gesundheitsseminare und Familienstellen

www.brainfresh.net/praxis

Margit Dahlke

- Heil-Kunde-Zentrum Johanniskirchen

www.dahlke-heilkundezentrum.de

Ruediger Dahlke

- Heilkundeinstitut Graz

www.dahlke.at

Stefan Dietz, Eckart Schlamann

- entra Unternehmer-Entwicklung

www.entra.de

Mark Leiblein
Namensagentur NAMESTORM

- www.namestorm.de

Stichwortverzeichnis